成都·成华历史人文丛书 专题卷

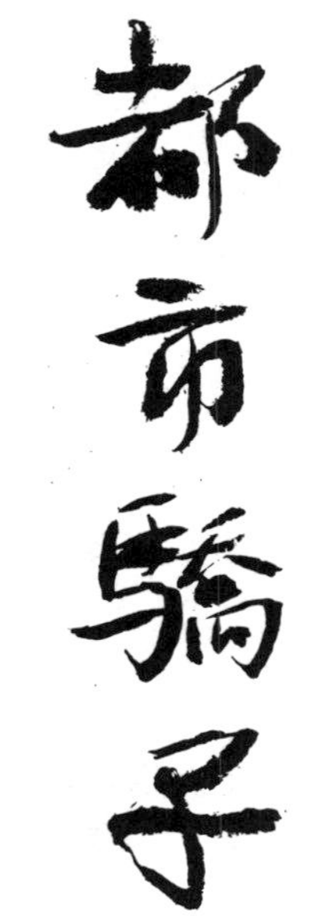


从成华走进熊猫世界

雷文景 著



四川文艺出版社

**图书在版编目（CIP）数据**

都市骄子：从成华走进熊猫世界 / 雷文景著. — 成都：四川文艺出版社, 2019.12（2022.1重印）
（成都·成华历史人文丛书）
ISBN 978-7-5411-5469-0

Ⅰ.①都… Ⅱ.①雷… Ⅲ.①大熊猫—文化研究Ⅳ.①Q959.838

中国版本图书馆CIP数据核字（2019）第213994号

DUSHI JIAOZI : CONG CHENGHUA ZOUJIN XIONGMAO SHIJIE

都市骄子：从成华走进熊猫世界

雷文景 著

出品人 张庆宁
责任编辑 陈雪媛
封面设计 叶 茂
内文设计 叶 茂
责任校对 王 冉

出版发行 四川文艺出版社（成都市槐树街2号）
网 址 www.scwys.com
电 话 028-86259287（发行部） 028-86259303（编辑部）
传 真 028-86259306

邮购地址 成都市槐树街2号四川文艺出版社邮购部 610031
排 版 四川最近文化传播有限公司
印 刷 永清县晔盛亚胶印有限公司
成品尺寸 157mm×235mm 开 本 16开
印 张 13.75 字 数 220千
版 次 2019年12月第一版 印 次 2022年1月第二次印刷
书 号 ISBN 978-7-5411-5469-0
定 价 42.00元

## 《成都·成华历史人文丛书》编写机构人员名单

**专家和顾问委员会**

（按姓氏拼音为序）

**专　　家：** 陈世松　傅　恒　林文询　谭继和　肖　平　张志和

**顾　　问：** 阿　来　艾　莲　陈廷湘　冯　婵　梁　平　袁庭栋

**总编辑部**

**主　　编：** 张义奇

**执行主编：** 蒋松谷

**副 主 编：** 刘小葵

**美术指导：** 陈　荣

## 《成都·成华历史人文丛书》编写机构人员名单

# 总序

成华区作为成都历史上独立的行政区划，是从 1990 年开始的，它是一个非常年轻的区。但是成华这块土地，作为古老成都的一个重要组成区域，则有着悠远的历史与深厚的文化根基。

“成华”区名，是成都县与华阳县两个历史地理概念的合称，而成都与华阳很早就出现在古代典籍中。《山海经·大荒北经》中曾有“大荒之中，有山名曰成都载天”的记载，有学者据此认为，成都可能是远古时候的一个国名，或者是古族名。华阳之名也一样历史悠久，《尚书·禹贡》云：“华阳黑水惟梁州。”梁州是上古的九州之一，包括今天川渝及陕滇黔的个别地方，华阳即华山之阳，是指华山以南地方。东晋常璩所撰写的西南地方历史著作《华阳国志》便以地名为书名。唐代开始，地处“华山之阳”的成都平原上便有了华阳县，也从此形成了成都市区二县共拥一城的格局。唐人李吉甫在地理名著《元和郡县图志》一书中，对成都与华阳做了更进一步的记载：“成都县，本南夷蜀侯之所理也，秦惠王遣张仪、司马错定蜀，因筑城而郡县之。”“华阳县，本汉广都县地，贞观十七年分蜀县置。乾元元年改为华阳县，华阳本蜀国之号，因以为名。”由此可见，成都与华阳历史之悠久，仅从行政区域角度看，成都从最初置县至今已有两千三百多年，而华阳置县从唐乾元元年（758）至今也有一千二百多年了。

不仅成华之名源远流长，具有丰富的人文内涵，成华这片土地更是积淀着厚重的历史与文化。可以说成华既是一部沉甸甸的史书，也是一首动人心魄的长诗。这里有纵贯全境且流淌着历史血液与透露着浓烈人文气息的沙河，有一万年前古人类使用过的石器，有堆积数千年文明的羊子山，有初建成都城挖土形成的北池，有浸透了汉赋韵律的驷马桥，有塞北雄浑的穹顶式和陵，有闻名宇内的川西第一禅林，有道家留下的浪漫神话传说，有移民创造的客家文化，还有难忘的当代工业文明记忆，还有世界的宠儿大熊猫……

成华有叙述不尽的历史故事。

成华有百看不厌的人文风景。

成华的历史是悠久的巴蜀历史的一部分；成华土地上生长的文明是灿烂的巴蜀文明的重要组成部分。

为了把这耀眼的历史文化集中而清晰地展现给人们，同时也为后世保留一笔珍贵的精神财富，中共成华区委和成华区人民政府立足全区资源禀赋和现实基础，将组织编写并出版“成都·成华历史人文丛书”纳入“文化品牌塑造”工程的重要内容之一。由成华区委宣传部、成华区文联、成华区文旅体局、成华区地志办等单位牵头策划，并组织一批学者、作家共同完成这套丛书，包括综合卷与街道卷两大部分，共计二十册。其中综合卷六册，街道卷十四册。综合卷从宏观的视野述说沙河的过往，清理历史的遗迹，讲述客家的故事，描写熊猫的经历，抒写诗文的成华，回眸东郊工业文明的辉煌成就。街道卷则更多从细微处入手，集中挖掘与整理蕴藏在社区、在民间的历史文化片断。

历史潮流滚滚前行。成华作为日益国际化的成都主城区之一，随着城市化进程的深入推进，对生活在成华本土的“原住民”和外来“移民”，更加渴望了解脚下这片土地，构建了积极的文化归宿。此次大规模地全面梳理、挖掘本土历史，并以人文地理散文的形式出版，在成华建区史上尚属首次。这既顺应了群众呼声、历史潮流，又充分展现了成华人的文化自觉和文化自信。

“成都·成华历史人文丛书”是成华人对成华悠久历史、深厚文化的一次深邃的打量，更是成华人献给自身脚下这片土地的一份深情与厚爱！

书籍记录岁月，照亮历史，传播文化。书籍是人类精神文明的载体，中华数千年的历史文化传承，书籍功莫大焉。如今，中国人民正在追求民族复兴的伟大梦想，通过书籍去回顾历史、展望未来，乃是实现这一复兴之梦的重要路径。

身在“华阳国”中的成华人，也有自己的梦。传承悠久的巴蜀文明，弘扬优秀的天府文化，正是我们的圆梦方式之一。

这便是出版“成都·成华历史人文丛书”的宗旨和意义之所在。

张义奇　蒋松谷

# 序一　略谈大熊猫的文化价值

张志和[①]

一般来说，一个事物能冠以“文化”二字，必须有较高的社会知名度和民众认知度，能在某种程度上影响人们的精神观念，甚至改变人们的生活。大熊猫这一动物，之所以能形成文化现象，正是有这样的特征。从社会知名度来说，因为大熊猫，中国被称为熊猫国度；因为大熊猫，四川被称为熊猫故乡；因为大熊猫，成都有了城市名片。从影响人们的精神观念和改变人们的生活来说，亦是如此。仅以旅游业为例，2018 年，成都大熊猫繁育研究基地的参观人次达到了惊人的 746 万；在国外展出时，无论是酷暑还是寒冬，游客们都会排上数小时队，只为一睹大熊猫的芳容。无论在哪个国家的动物园，大熊猫都会成为最受追捧的明星，它们的生日、幼仔的诞生，都会成为开展庆祝活动的最佳理由。

那么，大熊猫到底有哪些文化价值呢？本序将从美学、生态学、科学和产业价值四个方面谈谈大熊猫的文化价值。

## 大熊猫的美学价值

大熊猫所具有的生物特性恰恰与人类的审美需求相契合。大熊猫的皮毛为黑白两色，是人类在生产活动中使用最多的两种颜色，不仅给人

---

① 张志和，动物学家，浙江大学生命科学院遗传学博士，现任成都大熊猫繁育研究基地主任。

以熟悉感与亲切感，还让人联想起阴阳相生的太极图案。这种色彩上的强烈反差产生了简约、独特的美感。

由于大熊猫主要食用富含纤维素的竹子，所以咀嚼肌特别发达，腮帮上的肉将脸部撑成圆形，吻部显得较短。按照人类的审美，鳄鱼长长的吻部和猩猩突出的吻部都令人生畏，而熊猫较短的吻部则显得友善，加之熊猫有毛茸茸的黑色耳朵，眼睛虽小却挂着大大的黑眼圈，如同戴墨镜的调皮娃娃，更令人觉得憨态可掬。此外，熊猫有一种萌态，这种萌态通过其孩童式的行为模式展现出来，比如成都大熊猫繁育研究基地的幼年熊猫“奇一”就喜欢抱饲养员的大腿，这很符合人类的抚幼心理。大熊猫浑身滚圆，动作悠缓，它的前后肢均向内撇，即双内八字，便于攀爬和行走，走路时必然摆腰扭臀，非常可爱。

苏联动物学家梭斯诺夫斯基曾评论：“大熊猫是野生动物世界中绝无仅有、货真价实的瑰宝，是非常美丽、标新立异、令人惊叹的动物。”一位日本漫画家认为：“大熊猫是上帝最富于创造力的卡通形象。”大熊猫之所以被全世界数以亿计的粉丝热捧，全在于它有着非常独特、可爱的美的形象。关于大熊猫的美学研究，还有许多值得深究的课题。

## 大熊猫的生态学价值

大熊猫的生态学价值尤其需要关注，可以这样说，大熊猫就是生态系统的晴雨表，是动物学界公认的“旗舰动物”[①]。中国的大熊猫保

① 旗舰动物又称旗舰物种，指某个地区生态维护的代表物种，可促进社会对物种保护的关注。其代表有大熊猫、黑脸琵鹭、水雉、彩鹮等。

护工程，从 20 世纪 80 年代开始全面启动，自然保护区的建设力度也在不断加大。特别是 20 世纪 90 年代实施天然林保护工程与长江上游林区禁伐之后，生态环境有了明显的改善。其间，联合国教科文组织、世界自然基金会及众多国际生物保护组织均投入财力和人力参与中国的大熊猫保护与研究，因为对于地球村来说，任何一个国家的生态灾难都会影响到全球。

实施大熊猫保护工程三十多年来，长江上游的生态环境有了很大的改善，全民的生态觉悟有了极大的提高。在秦岭、岷山、邛崃山、大小相岭和大小凉山，形成了世界上最为壮观、最为珍贵的野生动物群落。大熊猫、羚牛、金丝猴等动物在这一片栖息地繁衍后代，生生不息，让这片土地焕发蓬勃生机，充分体现出其生态价值。

## 大熊猫的科学价值

1980 年，世界自然基金会指出：“大熊猫不仅是中国人民的珍贵财富，也是世界人民所关心的自然历史的宝贵遗产。”大熊猫是活化石，提供了数百万年前哺乳动物的鲜活样本，其科学价值潜藏着太多自然之谜。

例如，大熊猫原本是肉食动物，是什么原因，在什么时候，它逐渐成了以素食为主的动物？自然界有不计其数的植物，大熊猫为什么偏偏选择竹类为主食？竹类富含纤维素，有少量淀粉，它是如何经过大熊猫的消化系统，转化为蛋白质、脂肪和身体所需的其他营养成分的？大熊猫如何从竹类这种低热量食物中摄取能量？从行为学和能量耗散学的角度来看，它又是如何做到低耗能的？

大熊猫生活在深山老林，自然条件恶劣。大多数动物为适应恶劣的自然条件，会以群居模式来抱团取暖。可大熊猫偏偏与众不同，它是独居动物。大熊猫幼仔出生后，由大熊猫妈妈抚养至一岁半到两岁，还未成年就被赶出家门，让它开始离群索居。这又是为什么？

大熊猫从怀孕到幼仔出生，时间差异之大也颇为奇特。多数动物从怀孕到幼仔出生，都有比较准确的时间界限。人类有“十月怀胎，一朝分娩”之说，但大熊猫从怀孕到幼仔出生，却没有准确的定数。据统计，大熊猫最短的孕期仅有 83 天，而最长的孕期达 200 多天，时间差异达到一倍以上，这在动物界可算是屈指可数。对于幼仔推迟出生的现象，现在的解释是大熊猫受精卵“延迟着床”。为什么受精卵在子宫内久不着床？

大熊猫母体体量和初生幼仔体量差异之大，在动物界也是一奇。以亚洲人为例，母体重 50~60 千克，子体重 3 千克左右，体量相差 16~20 倍。大熊猫母体体量通常在 100 千克以上，比人类母体大，如按人类母体体量和大熊猫母体体量相比，初生大熊猫幼仔应该在 6 千克左右。但令人惊异的是，大熊猫幼仔只有 100~150 克，即是说，幼仔体量只有母体的千分之一。相信大家通过各种媒介看见过刚出生的大熊猫幼仔，只有一只无毛的老鼠幼仔一般大。大熊猫妈妈与初生幼仔的体量差异如此之大，这又是为什么？

以上科学之谜，科学家们经过几十年的探索、研究，在一些方面已经获得了答案。随着时代的发展，大熊猫科学研究已经走向更加前沿科学的领域。当前科学家对大熊猫的研究已经瞄准了基因组学、分子生物学、细胞学、遗传学等前沿科学，将重点研究大熊猫进化机制、大熊猫扩散模式等。应用分子生物学技术，能解决遗传多样性及保护的关键问题；

应用“组学”工具，能突破分子机制研究的难题，提升大熊猫保护生物学研究的能力。此类研究，还包括建立大熊猫基因资源库，建立新型保护手段，研制大熊猫专用疫苗，保护圈养大熊猫免受病毒侵袭等。

## 大熊猫的产业价值

20 世纪 50 年代以来，大熊猫的形象已经广泛用于工商业。比如南京熊猫牌收音机（后发展成熊猫电子集团公司）、辽宁盼盼牌门窗、四川娇子牌香烟，还有销量很大的全友家具，均采用了熊猫形象，就连 1990 年在北京举办的第十一届亚运会的吉祥物也是熊猫“盼盼”。

到了 20 世纪 80 年代，多部熊猫题材的故事片、专题片陆续拍摄出来。2008 年上映的好莱坞动画片《功夫熊猫》在全球赚得了 5.5 亿美元的票房，之后又续拍了《功夫熊猫 2》和《功夫熊猫 3》，三部《功夫熊猫》共赚得了 17.35 亿美元的票房。

他山之石，可以攻玉。《功夫熊猫》提供了成功范例，激励我们大胆创新，在大熊猫文化建设方面开拓出一片新天地。

近年来，文学家、艺术家在熊猫出版物、熊猫音乐、熊猫影视、熊猫舞台剧、国际熊猫节会、熊猫艺术展览、熊猫网络直播、公共空间的熊猫文化建设等各个文化领域取得了显著成绩。大熊猫文化建设正走在健康发展的道路上。特别是近年来，随着大熊猫网络直播的迅猛发展，大熊猫粉涨势惊人，仅央视网“熊猫频道”全球活跃账号就已达到 2500 万个。可见，要想做好大熊猫文化传播，网络领域还有极大的开发空间。

大熊猫文化应该涵盖更多更丰富的内容，还有更大的发展空间。这本《都市骄子：从成华走进熊猫世界》即是解读大熊猫文化的又一尝试。关于大熊猫文化的几个方面，该书皆有所涉猎，并对成都与大熊猫结缘的历史做了较为生动的讲述，读来颇有意趣。在此，希望海内外各界人士一如既往地关爱大熊猫，更深入地探讨大熊猫文化，以造福人类共有的地球村。

# 序二　有关“眼光”

谭　楷[1]

前阵子，因检查身体，我走进了 CT 室。当医生让我平躺在一张窄窄的床上，将我推向一个圆环形的装置时，我听见细小的嗡嗡声，想象身体正被电子扫描仪横切成片，血管、脏器暴露无遗，在感到十分新奇的同时，又有一些恐惧。相比 X 光，CT 又前进了一大步。人类从未如此清晰地审视自己的身体。再细想，对于感知世界而言，今人的嗅觉、听觉、味觉与古人可能不会有太大的差异，但视觉却完全不同了。所谓视觉，就是“眼光”。1609 年，意大利科学家伽利略造出了能放大三十倍的望远镜，用以观察夜空，第一次发现了月球上的环形山，还发现了木星的四颗卫星、太阳的黑子运动等。1665 年，荷兰学者列文虎克用自己设计的更先进的显微镜观察了动物细胞，并描述了细胞核的形态。有了望远镜和显微镜，人类的视野才能扩展到浩渺的宇宙空间和肉眼无法看到的微生物世界。据史志介绍，1927 年，成都少城公园的平民教育馆前，市民们排着长队，通过显微镜观看污水中活动的细菌，许多人惊呼：“怪不得肚子痛啊，原来水中有‘鬼’！”虽然成都市民比列文虎克晚了三百多年看到细菌，也算是了不起的进步。其实，人类文明的进步史，就是不断开拓眼光的历史。

① 谭楷，报告文学作家，《大熊猫》（现更名为《看熊猫》）杂志执行主编，科幻世界杂志社前总编，曾获中国科幻银河奖终身成就奖及多项全国大奖。

最近，挚友雷文景完成了《都市骄子：从成华走进熊猫世界》，嘱我写序。我想，此书无非是叙述落户于成华区斧头山的成都大熊猫繁育研究基地的创业史吧。孰知，一开篇，读到成华区既有成都大熊猫繁育研究基地，又拥有陈列于成都理工大学的世界罕见的恐龙骨架，一下子觉得不同凡响，原来作者立足斧头山，说的是与斧头山相关的精彩故事。由此，我觉得成华区约请雷文景写此书，其远大的"眼光"，值得点赞。从20世纪50年代开始，东郊即现在的成华区所在地，那拔地而起的军工企业，便是引领古老成都走向现代化的火车头。成都，一个典型的消费型城市，在玉垒浮云中变幻成中国的工业重镇。雷达、显像管、集成电路、量具刃具、无缝钢管……所有新名词，都是从东郊那些"信箱厂"流传到成都的大街小巷的。东郊拓宽了成都人的眼界，东郊的光荣令成都人念念难忘。

三十多年前，成华区划出了斧头山，准备给大熊猫建设一座美丽家园。犹记得选址时，我曾随四川省野生动物保护协会全体理事，乘一辆大客车前行。一出青龙场便是坑坑洼洼的机耕道，七拐八拐，上坡下坎，行驶到斧头山的苗圃，二十公里竟颠簸了近一小时，颠得专家学者们五脏六腑移位，个个脸青面黑，一下车就有人呕吐。诸位专家真是担心：交通状况如此糟糕，斧头山离市区如此遥远，国家的资金如此有限——会不会背上个大包袱啊？

谁也未能预测到，三十多年后，成都大熊猫繁育研究基地会成为金牌旅游地，成为成都的一张世界名片。《都市骄子：从成华走进熊猫世界》让我们看到了决策者的高瞻远瞩、创业者的不畏艰难、斧头山的辉煌业绩及成华区的大放异彩！

可以说，任何事业的成功，都取决于眼光。鼠目寸光者裹足不前，眼光开阔者条条是路。正如大航海时代的远航，在方向难辨时，总有经验丰富的水手爬到桅杆上，凭着他阅尽万顷波涛的眼光，将航船成功引向彼岸。

# 成都市成华区街道示意图

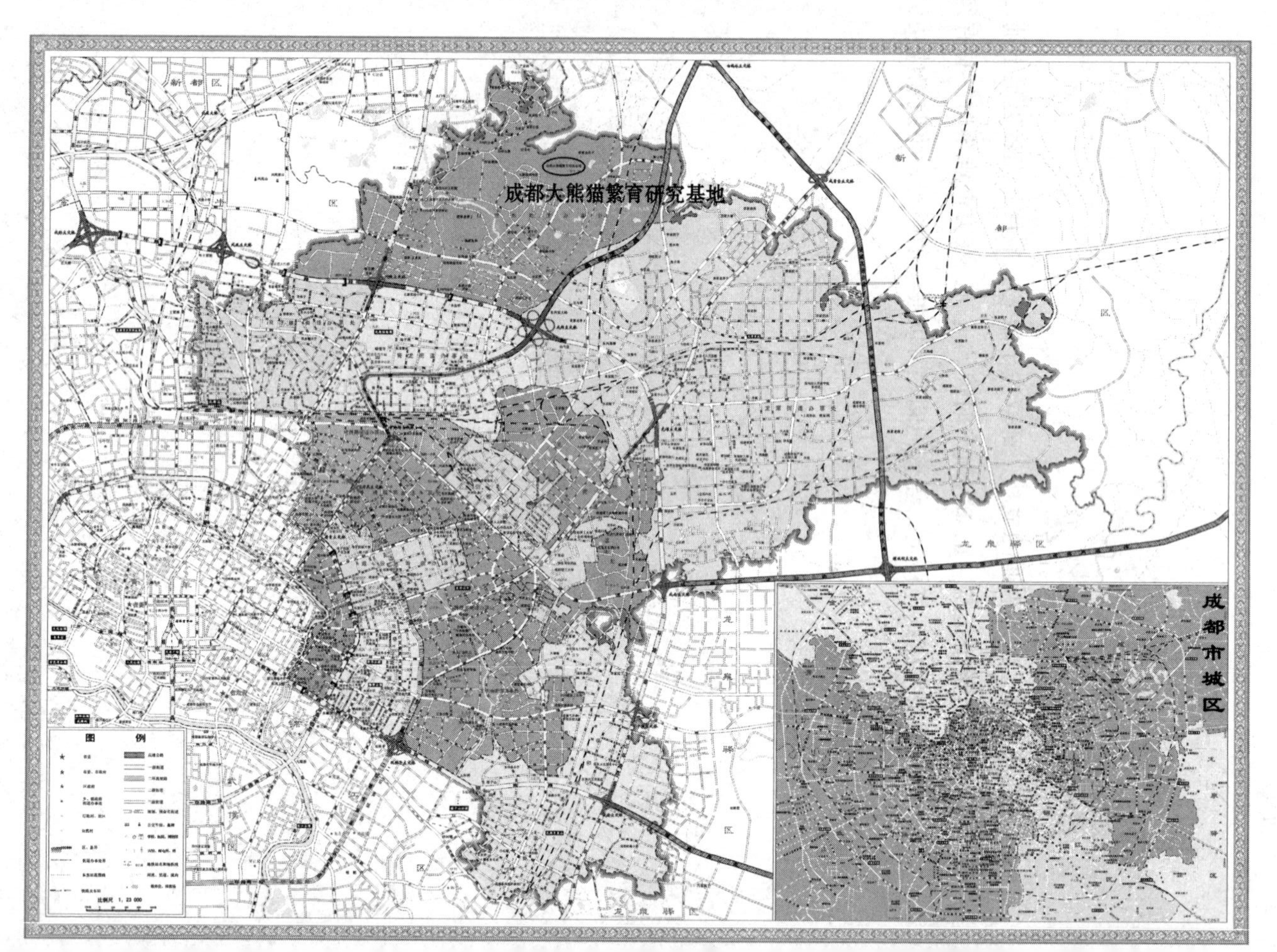

# 目录

# 引言

## 成华：熊猫的“红尘之都”

1

成都是“熊猫之都”，也是熊猫的“红尘之都”，再缩小一点范围，也可指成都市成华区，它的地理方位在东经103°~104°、北纬30°~31°，举世闻名的世界易危物种大熊猫，就在成华区的斧头山找到了它舒适的“避难所”。

成华区与古生物缘分至深。

在成华区的东部，成都理工大学博物馆珍藏着6万余件自然标本，其中，尤以合川马门溪龙让生物学家侧目。它是在亚洲发现的最为庞大的恐龙化石之一，身长22米，脖颈长度则为世界之最，这个来自1.5亿年前的地球霸主，现在只剩下一副巨大的骨架悄然隐伏于博物馆展厅之中。与之形成鲜明对照的是成华区的北部，在成都动物园、成都植物园，尤其是在成都大熊猫繁育研究基地，却是游人如织，一派欢声笑语，在地球上存活了800万年的“行走的活化石”——大熊猫，每天都在接受来自全世界五大洲动物迷的围观。据2016年的统计，成都市当年接待了境外游客27231万人次，其中前往观赏大熊猫的有70多万，占境外游客人数的26%以上[1]。

有两则新闻可以旁证游客的围观规模。2017年9月29日，中国国庆大假前两日，成都公交公司发布信息，国庆期间将增加前往成都大熊猫繁育研究基地的摆渡公交。当日，成都大熊猫繁育研究基地发布“游客限流公告”，核心内容是：“在国庆期间，当游客实时入园量超过4万人次时，基地将暂停门票销售；待实时游客量小于4万人次时，等候的游客才能购票入园。”无须过多说明，以粉丝量而言，没有一种动物能与大熊猫媲美，它显示了这个超级萌宠的顶级魅力和动物迷对观赏珍稀动物的巨大热情。

2017年10月1日中午，笔者与妻子驱车前往成都大熊猫繁育研究基地参观。从成都南门武侯区华西坝出发，卫星导航引导我们进入成华区熊猫大道，行至与蜀龙路交接的路口，即见路边有“熊猫基地5号停车点”的标示，此地离成都大熊猫繁育研究基地大门尚远，在此设点，即可说明游客量巨大了。果然，靠近成都大熊猫繁育研究基地的停车场早已车满为患，难以插足，几经寻觅，我们的车停在了成都大熊猫繁育研究基地对面的临时停车点——一个荒芜的农家田地。走出田坎路来到大路边，放眼望去，成都大熊猫繁育研究基地大门映入眼帘，其设计将大熊猫包含其中，设计师让大熊猫身形与大熊猫之足、之耳在极度变形的线条中得到展现，看起来别致而新颖。大门外，怀着热望的中外游客已经牵起了入园的长线，除了现金购票，也可扫二维码支付入园，成都大熊猫繁育研究基地想得很周到。大门左

① 曾登地、梅春艳：《成都实施“天府大熊猫”文化品牌战略研究》，《中华文化论坛》2017年第9期。

侧，临时搭建的饮食棚户排了几百米，笔者找了一个小摊坐下，吃了碗抄手，与摊主闲聊起来。摊主三十余岁，自称本地人，说这个地方以前是回龙大队，每到旅游高峰期，自己就会来赚点“熊猫钱”。正说话间，只见一辆小车在不远处停下，一个汉子手拿几只毛茸熊猫玩具下了车，又见他走到车尾打开了后备厢，手中赫然多出几十个熊猫布偶，这显然又是另一种赚“熊猫钱”的方式。待笔者下午出园时，大门左右有好几十个专售熊猫玩具的小贩。

大熊猫，无疑是成都的骄傲，也是成都的旅游“特产”。在成都大熊猫繁育研究基地所在的成华区，“大熊猫”成为高频出现的词汇，除了著名的熊猫大道和道路旁的熊猫涂鸦墙，还有地铁熊猫大道站、熊猫路小学、熊猫基地生态园小区、熊猫体育公园、熊猫电视

▲ 成都大熊猫繁育研究基地大门，一个小孩将新购买的大熊猫玩偶抛向空中　周孟棋摄

塔……就连成都大熊猫繁育研究基地所在地成华区白莲池街道办事处举办的摄影展亦取名为“熊猫家园·幸福白莲”。最近几年，大熊猫成为成华区重点打造的文化品牌，一连串的有关策划已经实施或拉开序幕，熊猫小镇、熊猫PANDA秀、熊猫绿道、熊猫剧院……不一而足，成都人仿佛要将熊猫效益发挥到极致。

岂止在成都，在大众文化生活的方方面面，都不断闪现着大熊猫的身影。它被全人类热爱着，在异彩纷呈、光怪陆离的文化碎片大行其道之时，大概也只有迪士尼的米老鼠和唐老鸭可与之媲美，而作为生物体的老鼠和鸭子遍地都是，毫不稀罕，可大熊猫却是鲜活的“绝世佳人”、稀世珍宝。

▲ 成华熊猫大道地铁站外的成都大熊猫繁育研究基地景区直通车售票点　雷文景摄

2

阅读大熊猫生物地图可以发现，成都正处在四川大熊猫栖息地走廊的中心位置。要探寻大熊猫的自然与人文历史奥秘，从成都开始无疑是最为便捷的路径。

2015年公布的第四次全国大熊猫调查结果显示，截至2014年10月，在我们蔚蓝的星球上，共存活着野生大熊猫1864只（其中四川1387只）、圈养大熊猫375只①，可以看见，绝大部分大熊猫都栖息在中国四川。四川的省会成都，这个古老而又现代的休闲城市，因其地理与科技、文化优势，成为大熊猫保护和文化传播的中心。成都大熊猫繁育研究基地经过三十年与大熊猫的“零距离”接触，拥有全球第一的大熊猫人工繁育数量，使大熊猫成为成都当之无愧的“名片”，让成都有了“熊猫之都”的美誉。

回首过往，成都成为“熊猫之都”有着深厚的历史渊源。近现代史上，西方人在中国西部传播西方文化、探索西部地区的重要大本营即在成都，最早撩开大熊猫神秘面纱的大部分西方探险家，正是以成都为立足点而迈向西部边陲的。从清末到民国，从成都辐射出的熊猫故事有两条线路。一条由华西坝洋人所演绎，他们既有天时地利的便利条件，也有专业学科的支撑。另一条是其他西方探险家以成都为大本营留下的斑驳往事，其探险主角的身份较华西坝洋人而言更为驳杂。两条线路大致都交汇于成都，在当时积贫积弱与

---

① 《中国大熊猫现状展——全国第四次大熊猫调查简况》，2015年3月3日中国林业网报道。

战乱不止的中国，洋人们猎捕大熊猫的旧事给一个国家烙上了屈辱与无奈，也折射出全世界早期生态保护的凌乱无序。几十年之后，当中国的国门再度开启，大熊猫的历史中才再次出现了西方人的身影，成都大熊猫繁育研究基地即与欧美及日本许多机构开展合作研究，来到基地的外国志愿者更是为数众多。

从清末民初到今天，全世界共出现过四次熊猫热。第一次是法国人戴维发现现代生物学意义上的大熊猫，其影响范围限于生物学家与其他少数知识阶层；第二次是美国的罗斯福兄弟第一次猎杀大熊猫以及美国女士露丝将活体大熊猫第一次带到美国而掀起的狂潮；第三次是发生于20世纪70年代的“熊猫外交”；第四次是网络时代，不同于前三次，今天的熊猫热是在生物多样性对人类、对地球至关重要的理念下出现的。关爱大熊猫，拯救大熊猫，已经成为保护地球家园的隐喻和象征，成为全世界的共识。早在1961年，世界自然基金会（WWF）即以大熊猫形象作为会徽。

2017年7月5日，中国国家主席习近平与德国总理默克尔共同出席了德国柏林动物园熊猫馆开馆仪式，那一对肩负“外交使命”的大熊猫“娇庆”和“梦梦”正是来自成都大熊猫繁育研究基地。根据2006年统计的数据，从1957年开始，大熊猫一共到过二十个国家的四十三个城市①，分别以馈赠、租借、合作科研的形式在世界亮相。成都大熊猫繁育研究基地在1987年至2017年的三十年间，先后向十三个国家和地区输送了数十只大熊猫，且合作繁殖了31只，其间，

① 赵学敏主编：《大熊猫：人类共有的自然遗产》，中国林业出版社，2006。

基地还接待了几十位国家元首、政要和众多名流、明星以及无数的普通公民，国内外的参观者络绎不绝来到成都，来到大熊猫的故乡，拜倒在它的石榴裙下。

探查大熊猫在近现代的踪迹，从好奇到利用，从猎捕到自省，从无知到保护，从保护到合作，这是全世界围绕大熊猫命运展开的自然与人文史脉络。大熊猫在一百余年之中数次"蒙难"，从高山来到"红尘"并分散于世界各地，这也是广义的"红尘之都"。本书要聚焦的则是成都，是成都的成华区，是成华区的斧头山，这里是大熊猫的"乐园""避难所""模拟原乡"，更是保护大熊猫的"豪华别墅"与"坚固城堡"，但是熊猫本无"城"，它们的漫长演化史使其成为优哉游哉的"高山隐士"，城市生活只是它们的权宜之计。

"生物共同体"首倡者利奥波德说过："从总的意义来说，要创造荒野是不可能的，因此，任何荒野计划都不过是一种自卫性的退却行动。"[①]在中国，国家主席习近平以"绿水青山就是金山银山"指出了保护生态的重要性，被严重破坏的生态已经开始得到改善，中国的森林复育面积如今已经超过了全世界其余国家的总和。从2014年开始，中国就着手大熊猫国家公园的建设并首先在四川试点探索，2017年4月，又发布了《中国大熊猫国家公园体制试点方案》，核心保护区域覆盖了已有的六十七个大熊猫自然保护区，涉及的野生动植物达到八千多种。成都大熊猫繁育研究基地的张志和博士也曾反省人类破坏大自然之后又弥补过失的举措，认为这是对人类自身的讽刺。正是

① ［美］奥尔多·利奥波德：《沙乡年鉴》，侯文蕙译，商务印书馆，2016。

带着忏悔之意与拯救的雄心，成都大熊猫繁育研究基地三十年的保护实践成果让世界瞩目，为“熊猫之都”平添了足够多的底气。

继2017年10月国庆节造访成都大熊猫繁育研究基地之后，笔者先后参加了几次成都市成华区政府组织的成华人文地理历史座谈会，大熊猫的话题自然成为题中要义之一。被誉为“熊猫作家”的谭楷先生每一次说起大熊猫的故事总是兴致勃勃、如数家珍。

走在成都的大街小巷，经常能看见各类熊猫元素以及保护生态的公益广告，成华区政府大楼前曾经矗立过熊猫雕像……政府的自觉，民间生态保护意识的逐渐苏醒，一切迹象似乎都在预示着大熊猫所受到的创伤正在逐渐愈合。成都大熊猫繁育研究基地的唐亚飞老师曾在深夜值班时于微信朋友圈发了一组基地照片——那是一个幽静得甚至让她感到陌生的地方。或许，许多年之后，这样的场景才是大熊猫愿意看到的，一个没有人类打扰的、真正属于它们的森林般的空寂世界。我们呢？也应该在红尘喧嚣之后，静思先贤的教诲：

> 天之道，利而不害；圣人之道，为而不争。[①]
>
> ——老子
>
> 当一个事物有助于保护生物共同体的和谐、稳定和美丽的时候，它就是正确的，当它走向反面时，就是错误的。[②]
>
> ——利奥波德

① 陈鼓应：《老子注释及评介》，中华书局，1984。

② ［美］奥尔多·利奥波德：《沙乡年鉴》，侯文蕙译，商务印书馆，2016，第252页。

# 发现

# 成华的熊猫缘

## 前世今生斧头山

10月的成都大熊猫繁育研究基地，阳光从浓密的竹梢跌落地面，光晕濡染出迷离之境，游人的步履在明暗交错的光影中行进，翠绿的琴丝竹仿佛拱卫着时光隧道，斧头山的光阴流逝于往昔与今日之间。

斧头山，又名回龙山，但这“山”并不是通常意义的山，在富饶的成都平原，人们看惯了一马平川，微微起伏的浅丘就被老成都人以“山”相呼。清代末年的《成都通览》说：“近城一带之凤凰山，东乡之东山，均黄土小坡，实非山也。志乘所言山水，多不可信。”斧头山即是这样的“山”，当人们沿着成都大熊猫繁育研究基地的环形大道一路走去，从基地大门到月亮产房，从月亮产房到太阳产房，再回到靠大门的游客中心，舒缓的坡度不会十分劳累脚力，何况基地还有观光接引车，让人轻松愉悦。又据《成都通览》“成都之山”条目记载，成都有虎头山一座，山上建有一庙，名岐山寺，同目之内又有回龙山，山上有回龙寺。需要区别的是，那虎头山不是这斧头山[①]，岐山寺也已黄鹤渺渺，而斧头山上回龙寺的往昔却可在史籍和传说中隐隐可触。宋代大诗人陆游有许多吟诵成都的诗篇，在题为《怀旧》

① 据成都大熊猫繁育研究基地调查，在基地成立之前，也有人称此地为虎头山，可能因“虎”与“斧”发音相似的缘故。

的一组七言诗中，他游历斧头山的踪影浮现于文字中：

回龙寺壁看维摩，最得曹吴笔意多。
风雨尘埃昏欲尽，何人更著手摩挲？[①]

这说明至少在诗人生活的南宋，回龙寺便存在了，它在漫长时日中经历过怎样的兴废，人们已不能确知，而在20世纪50年代初期，回龙寺仍香火袅袅，倒是有据可凭。作家刘小葵和画家蒋松谷前些年曾听一位当地老农讲述过当年的风致：

回龙寺建于回龙山顶，有建筑二十多间，山门和前中后三殿一应俱全。一色的琉璃瓦覆盖庙宇，庙内有东岳菩萨等六十余尊塑像，两棵高大的柏树耸立于天井之中。[②]

现在成都大熊猫繁育研究基地主要景点的最高处，在月亮产房与1号别墅之间。经过月亮产房入口处的铁索桥，游人须跨上一段不高的阶梯，沿小径前行，视线即被引向开阔之境；而在1号别墅不远，一方直径约三米的圆形土台中，一棵高大的无患子树站在坡顶，俯视着沿缓坡前行而来的游人。许多土生土长的当地老人都记得，就在这两处的西边海拔最高处，曾经的回龙寺即耸立于此。

作为历史文化名城，成都有众多古迹，成华区也有悠远的驷马

① ［南宋］陆游：《剑南诗稿》第34卷，中华书局，1986。
② 刘小葵、蒋松谷主编：《文化白莲池》，成都时代出版社，2017，第93页。

桥、羊子山、昭觉寺，还有一万年前古人类的石器。名气远不如昭觉寺的回龙寺似乎尚不足以让人开启它封存的皇历，回龙寺的香客早已散场了，回龙山的热闹也悄然消隐，人们甚至都忘记了“回龙山”这个名字，习惯叫它的另一个名字——斧头山。

1987年，成都大熊猫繁育研究基地在此奠基，斧头山重启地望。

作家谭楷是成都大熊猫繁育研究基地从初建到繁荣的参与者与见证人，他告诉笔者，那时候的斧头山，虽离市区仅仅10公里，但坑坑洼洼的路途总折磨得人精疲力竭。落寞的山上，除了成都建设学校在此设帐教学[①]，打眼望去，只见漫山杂草，农家的田园稀稀落落，疏于打理的坡地完全就是“石谷子地”。好在这附近有原成都园林局管辖的白莲池苗圃，可以为今后基地绿化提供方便；还有成都动物园的饲养场，可以算是小小的家底；而圈养、展示大熊猫的成都动物园离这里很近，只需半个小时的车程，这为今后转移大熊猫提供了方便。这三个要素也许是当年选址此地的重要因素，但要建立一个繁育大熊猫专门机构可是大手笔，一定有更为重要的原因促使人们做此决断：“竹子开花”让大熊猫的生存受到严重威胁[②]。如今，当我们审视过往，建立成都大熊猫繁育研究基地是历史的必然，而受难的大熊猫落户斧头山则是这必然之中开出的绚丽之花。

那时候，斧头山是一块璞玉，它在当时的成都金牛区、如今的成华区[③]处子般静卧着，在之后的岁月中，它在成华区的红豆树、香樟树、

① 此地曾有一所“五七”干校。见《大熊猫文化笔记》第38页。
② 详见本书《饥饿的熊猫》一节。
③ 成华区是于1990年建立的行政区，之前此地属金牛区。

楠木、青枫、黄葛树的凝视下，在锦鲤、彭泽鲫的陪伴下，在成华区第四纪冲积平原的微风中，在四季分明的亚热带湿润季风气候的浸润下，因为高贵的大熊猫，它告别了曾经的落寞，开始了自己的华丽转身。

据作家刘小葵2017年记叙，白莲池社区的书记廖成发那时是一位年轻的拖拉机手，他目睹了当年基地奠基的全过程，还亲手运载了第一车开工铺地的砂石。时任成都市市长的胡懋洲“揭开奠基石上的红盖头，挥起铲子掊上第一铲土，鞭炮响起，礼花飞溅”。从初创伊始，基地就得到了大家的“偏爱”，在第一期工地建设时，当时的副市长黄寅奎现身工地现场。据谭楷记载，吃饭时，他还曾幽默地对大家说道：“吃着碗头的，要想到锅里头的。现在做一期工程，脑袋里要想着二期的图纸、三期的规划。这不是成都的基地，这是全中国、全世界的基地。”[①]颇有眼光的言辞既是指导也是动力。为了连接中心城区与基地，成华区著名的熊猫大道初期工程于1991年完工，虽只是一条3500米的水泥路，但意义不小，前成都市委书记许梦侠应邀剪彩。奠基之后，80亩的一期工程于1988年完工，紧接着又开始了更大的二期工程，到2008年底第三期工程基本完工后，成都大熊猫繁育研究基地共计拥有1600亩占地面积[②]。如此庞大的“专题动物园”建在一个特大城市之中，这在全国乃至全世界都是罕见的。从一期工程到三期工程，用了不到二十年时间，曾经的“石谷子地”在建设者的

① 覃白：《迁地保护的成功范例》，《大熊猫》2007年第5期。
② 此数据参见2005年试刊《大熊猫》第13页。据成都大熊猫繁育研究基地2019年5月提供的数据，其中520亩由政府交至成都市文旅集团管理，现基地围墙内面积为1000亩左右。

精雕细刻之下蜕变为翩然起飞的“天鹅”。

斧头山也确实有优雅的天鹅，它与熊猫一样有着黑色的被毛，那便是神秘的黑天鹅，它在碧绿的天鹅湖上安详地滑行着，穿梭于水中的鸢尾草与美人蕉之间，它还时不时靠近岸边，与游人互动。基地还散养了红腹锦鸡、蓝孔雀等动物，它们与人类已经相互信任，尤其是孔雀，它不惊不诧地漫步在绿径上的身影成为点缀熊猫主题的别样风景。

那些希望亲近并爱护野生动物的人是爱野生动物的，而那些尊重野生动物天性并希望它们自然生活的人，更爱野生动物。

——爱德温·伟·蒂欧

这是基地游览区宣传牌上的名人名言。在成都大熊猫繁育研究基地，古今中外的生态箴言甚至出现在卫生间的墙壁上，更不用说科学探秘馆、两个熊猫博物馆、一个蝴蝶博物馆和艺术教育展馆对游客的熏陶了，足可见，基地对游人进行生态教育的良苦用心。大熊猫是生物多样性的旗舰动物，是生态保护的标杆，也被比喻为“伞护种”，它若命运安好，则将撑起一片巨大的保护伞，千姿百态的动植物就有了欣欣向荣的机会。

相比广袤神州千山万岭的巨大生态保护工程，成华的斧头山再小不过了，但是因为大熊猫的到来，在这“方寸之地”上，“熊猫之伞”不仅让孔雀悠然自得，也护卫了这里的琴丝竹、凤凰竹、绵竹、毛竹、箬竹和慈竹。川西平原的土壤适合竹的生长，自古不缺竹。在成都，望江公园是著名的竹子主题公园，仅次于它的应该就是成都大熊猫繁育研究基地了吧。有熊猫，当然要有竹，经过三十年的打理，斧头山竹林漫坡，修篁夹道，在这个人类和熊猫共有的乐园中，各类植物在“熊猫之伞”下生机勃勃，从大地到天空，绿色的植被层次分明：

俯瞰地面，游人的足底躺着柔软的地毯草和匍匐的沿阶草。引颈相望，伟岸的樟木、高大的栾树、浑厚的悬铃木静穆于蓝天之下，朴树、榆树、枫杨和银杏也舒展着身段。沟渠边的水麻、岸边的垂柳、平地的蒲葵、坡上的伞房决明也找到了生存的空间。

2018年11月10日，笔者进入基地时，已经是初冬。凝眸远望，三角梅仍在开放，八角金盘托出耀眼的花蕊，桂花树隐含未败的暗香，木芙蓉的阔叶间也盛满了芬芳，还有金鱼草、马樱丹、龙爪菊、野牡丹、杜鹃花、山茶花、鸡爪槭、荷花玉兰，这些花儿一路盛放，从大门开始，到科学探秘馆、熊猫医院、熊猫厨房、1号别墅、月亮产房、2号别墅、小熊猫产房；从天鹅湖到亚成年熊猫B区、A区、成年大熊猫别墅、太阳产房、幼年大熊猫别墅……芳香的花儿环绕着景区二十余个景点，一块曾经的冷寂之地幻化为鸟语花香的城市公园，让斧头山成为全新的“名胜之地”。放眼古今，拥有名胜之誉一定需要两个条件：要么以奇绝的山水惊艳世人，要么以渊深的人文引人入胜。“天之骄子”大熊猫，具有影响全世界的自然与人文的双重魅力，将此地称为“名胜”可谓当之无愧。

成都大熊猫繁育研究基地建成之后，决策者曾一度考虑过将其命名为“熊猫生态公园”，后来最终定名为更为学术化的“成都大熊猫繁育研究基地”。建设者们在基地第三期工程完成后的愿景是：建设

“世界一流的大熊猫科研繁育中心，一流的国际性环保科研与学术交流中心，一流的文化艺术与生物多样性展示场所，面向全国的一流的科普与生态教育基地”①。这个愿景与今天日益取得共识的建设田园城市的战略思维不谋而合，所谓“城在园中，园在城中”，斧头山在喧嚣红尘中经营出了一方净土，引领着中外游客进行田园观光之旅、生态教育之途，在“大熊猫版图”中占有极其重要的位置，成为生态保护绕不开的“要塞”之地。

## 成都：熊猫版图的“要塞”

苍莽的青藏高原横亘中国西部，在高原东缘地带，由上而下，由东北至西南，巍然矗立着六大山系：秦岭、岷山、邛崃山以及大小相岭和凉山——此即动物活化石、地球濒危物种、超级动物明星——大熊猫的故乡。大熊猫诞生于800万~700万年前，经历了始发期、成长期、鼎盛期和衰败期四个阶段，由始熊猫、小种熊猫、巴氏熊猫一路演化到衰败期的现生熊猫。至少在一万年之前，我们所熟悉的大熊猫——现生熊猫——选择了这六大山系作为它们的生养繁衍之地，那时候，站在生物链顶端的人类还没有完成进化历程。

今天，人类以东经102°00′~108°11′、北纬27°53′~35°35′科学地标识出大熊猫栖息地的准确位置，也以行政区划分出人类与熊猫相邻的地理区域：东起陕西省宁陕县，西到四川省康定市、九龙县；北起陕

① 参见2010年第4期《大熊猫》卷首语。

西省太白县，南抵四川省雷波县。从空中俯瞰，它们像摆动的巨龙迤逦蜿蜒，又像绿色的走廊绵延不绝，四川省省会成都，正好处于这条走廊四川区域的中心点，以此点向北、向西，再向西南辐射，就可抵达群山中的熊猫的故乡。

向北的秦岭山系，太白峰耸巃入云，缭绕的云雾下，生活着345只[①]大熊猫，它们主要食巴山木竹、秦岭箭竹，这是其他地区所没有的竹种。北京大学的潘文石调查团队在此发现了“珍宝中的珍宝”——棕色大熊猫，因为有异于黑白熊猫，总被人们调侃为“大熊猫终于有了彩色照片”。秦岭大熊猫被科学家确定为现生熊猫的亚种，它的体形与外貌也与其他熊猫有着微小的区别，这意味着，在悠远的时光中，它们始终流淌着家族血脉，这是优化大熊猫种族基因的福音。

在成都的西边，雄伟壮丽的岷山山系横跨四川与甘肃两境，莽莽苍苍，冰雪万丈，人迹罕至处生活着强健的扭角羚、华丽的红腹角雉、机警的岩羊、灵动的金丝猴以及精灵一样的小熊猫……当然还有本书的主角——大熊猫。在这个区域，著名的大熊猫自然保护区有唐家河、王朗、九寨沟等。华西箭竹、缺苞箭竹、青川箭竹、冷箭竹和团竹、慈竹等竹类是熊猫在岷山山系的主要食物来源。大熊猫是动物中的谦谦君子，它们既以竹子为食，也靠着茂密的竹林遮蔽，成为与世无争的高山隐士。根据生物学家的长期考察，熊猫栖息地的海拔在1500~3600米，但各大山系略有不同，岷山山系的熊猫一般在海拔1700~2300米活动。

① 系2015年公布的第四次全国大熊猫调查统计数。

大小相岭山系和凉山山系位于成都的西南方，同样生活着数不胜数的珍禽异兽。大相岭的八月竹、水竹和方竹等6种竹类是大熊猫的果腹之食，小相岭竹类多达12种。凉山山系是彝族人民生活的家园，他们祖祖辈辈都将大熊猫称为“峨曲”，“峨曲”的食物也非常丰富，在这里，竹类共有15种之多。

位于大熊猫栖息地中心位置的是邛崃山系，这里是川西平原向青藏高原过渡的地带，垂直海拔为350~5600米，地质奇观为世界罕见。大熊猫主要生活在山系的东坡一带，它们钟情于这里湿润多雨的气候、丰茂青翠的竹子，慈竹、桂竹、拐棍竹等十余种竹丛是这些“隐士”的绝佳庇护所。这是一个离人类大都市最近的栖息地，近现代西方人猎捕大熊猫时最先从此地的蜂桶寨、草坡、卧龙等地着手，现代文明的冲击也最早逼向这里的高山，地理的便捷让此地的大熊猫最早受害，而救护大熊猫最有利的路径也正好在此，因为它靠近一个特大城市——成都，这仿佛是大熊猫保护的悖论，也是历史的宿命。关于成都在四川大熊猫生物地图中的特殊地位，成都大熊猫繁育研究基地的宣传画册中有简要概括：

> 成都正处于这一走廊的中央位置，位居全球34个生物多样性热点地区之一的核心地带，有珍稀动物73种，植物2000多种，所属的都江堰、彭州、崇州和大邑大约有1500平方公里的大熊猫栖息地，建有4个国家级大熊猫自然保护区，约有50只[①]野

① 第四次全国大熊猫调查时已经增加到73只。

生个体。

这四个保护区分别是：一、龙溪-虹口自然保护区，距离成都60公里，位于都江堰市北部；二、白水河自然保护区，距离成都70公里，隶属彭州市；三、鞍子河自然保护区，距离成都100公里，隶属崇州市，生物学家们认为，这里是邛崃山系大熊猫种群交流的关键通道；四、黑水河自然保护区，隶属大邑县，距离成都约60公里，在这里，人们利用红外线监测技术，首次拍摄到了野外大熊猫育幼的珍贵视频和照片。

大熊猫坠落红尘的传奇即发生在上述地区，清末民初如此，之后的岁月也同样如此。

## 熊猫的前尘往事

《诗经》等旧籍描述过古人豢养动物的事迹，古埃及和美索不达米亚同样也有法老、国王于神庙庭院、王宫园囿饲养狮子、大象、羚羊的记载。中国西汉年间，当高祖刘邦天年之后，其妃薄姬遭吕后排挤，惆怅失意，遂耽情田园，饲养宠物，薄太后归葬时，竟有大熊猫从葬入土，这是中国人钟情于大熊猫的最早证据。

1942年，匈牙利发现了“葛氏郊熊猫”化石；2017年，法国科学家又公布了在匈牙利发现的一千万年前的始熊猫化石，引发出大熊猫发源地的生物学考问。而关于现生活体大熊猫的豢养记载，也只能在中国寻找，虽然那只是一些影影绰绰的身影。

西汉著名文学家司马相如在《上林赋》中为后人透露过皇家林苑的动物影像，其中提及的动物有旄、驴、象、犀、骡、麋和貘。“貘”这个指称，据说即是古代大熊猫的名字。从民国到今天，古代大熊猫名多达二十余个，诸如貔貅、驺虞、执夷、皮裘、食铁兽、猛豹、角瑞、银狗等等，但不能完全坐实。倒是大熊猫栖息地的原住民世世代代相传着大熊猫的不同指称，汉人呼其为花熊、竹熊、白熊、黑白熊，彝人称为“峨曲”，藏人则称为“杜洞尕”。

丰饶的华夏大地栖息着丰富的动物，包括罕见的大熊猫，但与西方不同的是，现代科学意义上的动物园在漫长历史中始终没有在中国形成，直到清代末年，一头身高约两米，温驯且能表演杂耍的大象被清朝驻德参赞牵到慈禧太后面前，老佛爷龙颜大悦，一座叫“农事实验场”的场馆才开始筹建，它包括了植物园和万牲园。1908年，该园建成，占地七十一公顷，并对外售票，价格为铜圆八枚，游客若要观赏动物，另售门票，价格同为铜圆八枚。万牲园发展到顶峰时，饲养了各类动物一百余种，但其中并无大熊猫的记载。到民国时期，该园仍在，且模仿了法国巴黎自然历史博物馆动物园的架构；1955年，该园正式改建成如今的北京动物园。这所位于中国首都的著名动物园在始建之初，就将大熊猫列为重点对象。1954年开始，北京动物园在种源丰富的四川宝兴县设立了工作站，在当地猎人的帮助下展开捕获，成为20世纪50年代初中国最早捕获和研究大熊猫的主要示范机构，也是最早在大熊猫繁育上取得初步成果的动物园。从1955年6月展出第一只大熊猫到1976年，北京动物园共在宝兴先后捕获了70余只大熊猫[①]。

成都动物园的兴盛是从1953年迁址百花潭开始的。百花潭动物园在当年国庆节那天开馆迎客，但人流高峰出现在第三天，那天是星期日，假期中的成都市民蜂拥而至，购门票的长长队列从百花潭动物园大门一直排到了散花楼，那一天，公园共接待游客1.8万人，可谓盛况空前。但游客们并没有看见大熊猫的芳踪，其实就在迁址的同时，公园曾获得过一只幼体大熊猫，但仅仅养育了18天便夭折，直到1958年才终于迎来第一只展示大熊猫，取名“胜胜”。胜胜于1961年4月12日赠送给了济南动物园，1968年去世。[②]

▶早期的百花潭动物园外景
林元亨供图

① 另一说法是，至1982年，北京动物园共获得55只大熊猫，其中21只由北京动物园饲养，其余转到其他动物园或由国家赠送国外。见冯文和、李光汉主编《拯救大熊猫》一书第203页。

② 胜胜的故事详见第二章。

百花潭动物园是笔者童年的最爱之一。记忆之中，动物们大都被关在逼仄的铁笼中，熊猫馆的条件似乎要好得多，但是比起1976年迁址到成华区的、西南地区规模最大的成都北郊动物园，环境可谓天壤之别。

从百花潭动物园到成都北郊动物园，再到从北郊动物园分离而建的成都大熊猫繁育研究基地，在与野生动物的相互凝视中，岁月留下了成都人对大自然的好奇心，也记录了动物的无奈，好在城市与乡野正在慢慢和解，憨萌的大熊猫正以它的超凡魅力启迪人们的生态观。

## 1953：陌生的相遇

中华人民共和国成立之初，高山上的大熊猫一度过着平静的日子，除了个别大熊猫在国外圈养展览，中国的所有大城市动物园都没有大熊猫的芳踪。不过大熊猫注定是要再次来到的，离大熊猫栖息地如此之近的成都最有机缘再次看到大熊猫。

几年过后，大熊猫果然又来到了成都。

1953年1月12日，正在筹建中的成都百花潭动物园接到一个电话，被告知在灌县（今成都都江堰市）逮住了一只大熊猫。动物园工作人员不禁大喜，他们正在向社会各界征集动物以备新园展示，放眼全中国，当时还没有一家动物园拥有大熊猫，这简直是老天垂青。1月19日，四位灌县农人兴致勃勃抬着滑竿向成都赶来，滑竿上坐着的不是达官贵人，正是珍贵的大熊猫，并且还是一只萌萌的幼仔。抬滑竿的农人也是捕获之人，第二天他们被招待逛了一圈成都最繁华的春熙路，还看了一场最新上映的电影《南征北战》，然后揣上总共100万元（相当于后来的100元新币）的旧币眉开眼笑地回灌县老家了。

面对这个曾经耳闻却从未亲见的动物珍宝，百花潭动物园的工作人员不敢怠慢，他们赶忙联系四川大学生物系有喂养大熊猫经验的老师马德。马德曾护送民国政府赠送英国的大熊猫一路去到英国，并在伦敦大学帝国学院动物学系进修两年，还曾撰写《花熊》一文，详细介绍了英美两国猎取大熊猫的历史和饲养熊猫的方法。在当时，马德是全国为数极少的熊猫专家[①]。马德告诉动物园，应该给大熊猫喂竹子，那是它的主食，可动物园却很为难，因为这只大熊猫看起来对竹子并不感兴趣。仔细观察之后，马德做出了判断：这只幼仔尚在哺乳期，它只对妈妈的乳汁有兴趣，现在还没有学会如何吃竹子。可怜这只幼仔，突然就失去了母乳，任动物园的饲养员贺正源与常庭训如何加倍呵护，没过几天，它日渐萎靡下来，流鼻涕，无食欲。那时候百花潭动物园尚未配有专职兽医，一位姓黄的医生被请来客串兽医，诊断大熊猫幼仔为伤风感冒，服用阿司匹林后却并无起色。2月5日00：40，幼仔不幸夭亡。这个珍稀宝贝在成都仅存活了十八天，还没有来得及取一个好听的名字，更不用说对外展出了。2010年，当年的动物园园长丁耀华回忆说：

它的死因，现在总结起来是多方面的：一是由于物质准备不

① 参见四川大学档案馆藏国立四川大学档案–1349号“生物系讲师马德出国留学”有关材料。

充分，饲养条件简陋，更无相关的医疗设备；二是工作人员知识准备不足，对大熊猫的生活习性不甚了解；三是这只大熊猫的捕获时机不合适，只有半岁左右，正处于哺乳期，过早脱离母亲，不能适应新环境而导致了免疫力下降。[①]

这个分析应当是中肯的，大熊猫的足迹虽然曾数度经过成都，但绝大多数是西洋人所为，中国人——除了马德——都是与大熊猫猝然相遇，不知所措是必然的，经验不足让百花潭动物园失去了第一只大熊猫，仅仅成为全国动物园中第一次尝试饲养大熊猫的动物机构。成都，这个离大熊猫栖息地最近的大都市，本应该因为地利之便成为第一个展出大熊猫的城市，而且上天也曾给予了这个难得的机会，却这

▶百花潭动物园饲养的第一只熊猫幼仔标本　雷文景摄

① 参见2010年第9期《大熊猫》第17页。

样遗憾地失去了。之后，幼仔遗体被送到华西大学——当年洋人饲养过熊猫的华西坝[①]制作为标本，几经辗转，现在收藏于成都大熊猫繁育研究基地博物馆。

幼仔去世之后第五年的夏天，百花潭动物园迎来了一只名为“胜胜”的展示大熊猫。胜胜为雌性，体重23千克，是一只至多10个月大小的幼体，捕获于海拔3300米的宝兴县硗碛乡。初来乍到，胜胜颇不自在，胃口不好，食量下降，所幸不久之后，这个小姑娘幸运地恢复了精神，它在专门为它建立的简易兽舍内愉快地吃着百花潭种的竹子，有时候还吃从望江公园、杜甫草堂运来的竹子。逐渐适应环境的胜胜与人类的关系日渐亲密起来，对饲养员蒋仪本、肖凤盛依赖日深。饲养员除了喂它竹子，还会给它添加副食——玉米窝窝头，并在里面加入维生素、骨粉、矿物质。半年之后，胜胜一切安好，这表明动物园的喂养方式应该是正确的。与第一次和大熊猫的相遇相比，百花潭动物园对大熊猫的了解更深入了一步，不过这得感谢北京动物园，是他们给予了饲养大熊猫的经验，而胜胜也正是北京动物园赠送给成都的。胜胜于1961年4月12日被赠送给了济南动物园，1968年去世，存活时间整10年。

在中国圈养大熊猫的历史上，除了民国时期在重庆北碚短暂展示过大熊猫，北京动物园应该是最早展示、饲养大熊猫的动物园。1954年，北京动物园在四川宝兴建立了熊猫收集站，翌年3月即收购到一只，之后不断有新的进展。那时候交通不便，宝兴深山与北京之间的

① 该校几易校名，从华西协合大学到华西大学再到四川医学院，现在为四川大学华西校区。

路途何其漫长，因此与民国时许多捕获大熊猫的洋人一样，北京动物园也同样要将捕获的大熊猫放在成都暂养一阵，地点就在百花潭动物园，成都的工作人员也就有了机会接触大熊猫，对大熊猫的习性与喂养方式有了大致的了解，所以胜胜来了之后，他们已经对大熊猫不陌生了。

眼看着胜胜一天天健康成长起来，却形单影只，没有玩伴，动物园便考虑增加大熊猫的数量。当时的成都市市长米建书是位喜欢动物的市长，百花潭动物园的筹建即是他一手促成，当胜胜在动物园展出的时候，他还带着一帮下属去百花潭饱了一番眼福，不用说，领导自然是重视动物园工作的，于是建立收集站的构想很快达成。百花潭动物园园长、年轻的转业军人丁耀华带队勘察了川西石棉、天全、宝兴、芦山等地，狩猎地点最后选择在四川天全县两河口。

与早期猎获大熊猫的西方人一样，围猎大熊猫离不开当地人，尤其是富有经验的猎人，这一次，正是在老猎人的帮助下完成了捕获，地点在天全县的桃子坪。1958年，冬日白雪中，一只成年大熊猫被香喷喷的肉食所引诱，想品尝一下难得的美味而触动了机关，为纪念捕获地，这只大熊猫被取名为“桃坪”。第一次成功之后，成都动物园收集站不断有新的斩获，圈养的大熊猫数量不断增多，“亚坪”“大岩”等大熊猫陆续从雪山来到了平原，到1966年，动物园已经拥有了10只大熊猫。

据四川大学冯文和教授统计：截至1987年成都大熊猫繁育研究基地建立之前，成都动物园共计圈养过77只野外大熊猫，其中，“运往日本和德国的共计3只，运往国内其他动物园饲养的有47只，留在成都动物园饲养的有27只。”[①]这个规模仅次于起步更早的北京动物园。

如果说民国时期大熊猫尚“养在深闺人未识”，来到百花潭的大熊猫们则已经逐渐走进了普通人的视野，也纳入了生物学的最初探究之中，大熊猫的生活环境开始一点一点地改观起来。1963年9月，大熊猫在成都平原有了第一座寄居的乐园，那是百花潭动物园建立的一座中国式的仿古建筑，面积251平方米，虽不大，设施尚可，拥有熊猫卧室、饲养设备室、室外活动室，还垒有假山乱石，植有茂林修竹。动物园迁到北郊之后，大熊猫的居所环境得到了更大的改善，新建的熊猫馆比之前扩大了许多，面积有1141平方米，“馆前辟有一湖，碧波中的倒影清晰可辨，湖岸广植花树，展厅后熊猫活动场内，置有山石及凉亭、铁梯等；馆的四周遍植观音竹、琴丝竹等，颇有野外情趣”[②]。

在这个由人类赐予并管辖的舒适场所，大熊猫与人的接触、对人的依赖又进了一层，而饲养员在日积月累中，对大熊猫的认识也丰富起来，科研人员也开始介入大熊猫的生活，探究、观察大熊猫的特征，比如进入老年期的大熊猫和幼仔喜食竹叶、竹枝，年轻体壮的大熊猫喜吃竹竿。平原的植被不同于高山，因此所有的圈养大熊猫已经改变了它们在野外的主食——刚竹和箭竹等竹类，现在，它们改吃成都平原的白夹竹，每每大快朵颐，并不嫌弃。副食提供也比以前更为

① 参见《拯救大熊猫》一书第203页。这个统计没有包括1966年到1974年抢救大熊猫的数目。

② 参见1987年第2期《成都志通讯》第49页。

丰富了，牛奶、鸡蛋、水果、稀饭、钙粉等一应俱全。宝宝们每天吃两顿，这两顿却是有讲究的，上午一顿少一点，下午一顿则要多吃四分之三。不同季节的喂食也大有考究，甘蔗不能在夏、秋食用，而春天即将到来时，它们可享受难得吃到的高营养食物麦芽粉，且可以吃足足一个月的饕餮大餐。大熊猫们当然不知道，这是人类策划的催情"伟哥"，就巴望着它们能够身怀六甲，早生贵子。利用麦芽粉催情显然效果不佳，因为并没有看到大熊猫怀孕的迹象，人们得另想更好的办法。

早在1964年，成都动物园的科研小组便成立了，到了1978年，这个小组的阵容已经空前壮大，张安居、叶志勇、何光昕、徐启明、宋云芳等人即是当初的骨干，他们中的许多人之后都成为著名的专家。1979年，在确定了最佳麻醉药物剂量和最佳药量后，人工繁殖大熊猫开始启动。当年失败，来年再试。一只叫"美美"的大熊猫不负众望，于1980年9月20日下午5：30带给人们惊喜，产下一胎，取名"蓉生"。蓉生不仅是在成都诞生的第一只由冷冻精液人工授精的大熊猫，也成为全世界的首例。之前北京动物园有一例人工授精培育的大熊猫，采取的是新鲜精液，因此"蓉城所生"与"京城所生"意义并不相同。美美完全称得上"功勋熊猫"，它在1981年、1983年、1984年三年当中又相继产下人工授精的幼仔。截至1986年，成都动物园总共人工繁育了8胎11只，成活7只，还为兄弟动物园配种9胎15只，存活5只，这些成就为之后的大熊猫繁育做了有益的铺垫。

# 从成都进入熊猫世界

## 斧头山：穿越时空的回忆

加拿大女孩黄玛丽与成都华西坝和成华区斧头山有着不解之缘。

缘分起始于民国，那时候，成都有所教会学校——华西协合大学，学校创建于1910年，民间称该地为“华西坝”，也有人称之为“五洋大学”，因为它是由英、美、加三个国家的五个教会联合创办的。这所学校的博物学与人类学课程都将探查西部高山大川与民俗风情列为题中要义，学校曾数次以地利之便捕获大熊猫，并进行过早期圈养，应该是全世界第一所接触大熊猫的高等学校吧。大学取名“华西”是看重了它对传播基督教教义的地理价值，1919年为募集扩大牙学院基金而编写的《中国一瞥》一书曾这样写道：“华西（这里包括甘肃、西藏、贵州、云南、四川）是亚洲的角逐场所，四川是中国最大的、人口最多的、最富饶的省份，控制了四川，便控制了全中国。”而学校建址成都，则是因为“成都的特别重要性在于它对千百万藏民、回民以及其他土著部族的重要位置影响”。洋人们所罗列的“华西”省份，居然囊括了陕、甘、川三个大熊猫野生栖息地。传教士是有眼光的，从发现大熊猫到现在，成都所具有的这种辐射地位依然没有改变，它是中国西部的文化重镇，也是通向大熊猫栖息地的最佳中转站。如今，成都大熊猫繁育研究基地再次成为大熊猫研究和大熊猫文化的重要中心，历史的嬗递与重现因地域与文化优势成为必然。

1938年初夏，黄玛丽就是在华西坝第一次见到了大熊猫——那个超级可爱的“玩具”，她清晰地记得，她与姐姐一起，将这个名叫“潘多拉”的小家伙抱上一把藤椅，好奇地观赏，柔情地抚摸，烂漫与可心从此便印在了心上。2008年，时光已过去了七十年，情怀难舍的黄玛丽重回华西坝，并来到成都大熊猫繁育研究基地再次拥抱了自己的童年记忆。三年之后，黄玛丽又一次飞临蓉城，在大邑新场华西坝老照片展览中，出示了当年她与大熊猫的合影，并为一大群中国小朋友讲述自己与大熊猫的故事。时光又过去了五年，黄玛丽已经年届九旬了，这位痴迷大熊猫的老人再次来到了成都大熊猫繁育研究基地。这一次，成都人给了黄玛丽一个巨大的惊喜：仿佛穿越了时光隧道，当年她抱过的潘多拉“复活”了！这神奇的一幕发生在2016年11月8日的晚上，那天，好客的成都人设宴款待黄玛丽，还邀请她通过热感成像技术与当年的潘多拉再次合影，对黄玛丽而言，这一“玄幻之旅”恐怕是她一生的至乐了。

与黄玛丽在2016年一同来到成都的尚有另外十六名加拿大老人，他们都是华西坝洋教师的子弟，同在当年学校的教会子弟校——加拿大学校（Canadian School）读书，他们幽默地称自己是“CS的孩子”。同黄玛丽一样，大部分人也都是大熊猫的“骨灰级”粉丝，他们告诉记者：“圆滚滚的潘多拉总是很调皮，就像生活在成都大熊猫繁育研究基地的这些大熊猫一样，总喜欢爬到很高的地方，我们总是要搬梯子爬上去才能把它抱回来。”“一到出太阳的那几天，我们都会带着潘多拉到大草坪上放风，它很享受那里的阳光。”“每当潘多拉在草坪上玩耍时，成都市民都会蜂拥而至，甚至邻省的官吏也会来一睹潘多拉的呆萌可爱，一时间，来华西坝看大熊猫成了成都的新民风。”①

潘多拉是西方神话中魅力无限的女神，被认为是诸神赐予人类的礼物，取名潘多拉，足可见出外国人对大熊猫的狂热追捧。在漫长的时日中，潘多拉的故事被CS的孩子留存在脑海中，也保存在一本由他们提供照片编纂的图书《成都，我的家》中，其中有关大熊猫的图片竟有二十张。这些图像的历史明确记载了这只大熊猫幼仔远渡重洋去到美国的全过程。一年之后，华西协合大学又将另一只取名“潘”的幼仔大熊猫送到了美国布朗克斯动物园，不过潘完全不能适应圈养生活，仅仅一年之后便夭折，而比它先到美国的潘多拉则幸运一些，它于1941年5月13日去世，成为1949年之前在国外存活时间最长的大熊猫。

在华西协合大学的历史中，中西文化交流是始终如一的主题，外籍教授丁克生、中国籍教授李明良等人不仅引进过西洋的黑乌鸡、荷兰奶牛等诸多品种，也将中国的动植物介绍到了西方。在学校主办的学术刊物《华西边疆研究学会杂志》上，有关民国时期中国西南边疆的动植物考察论文触目皆是，受聘学校博物馆的英国人叶长青撰有《大熊猫栖息地》一文，应该是对大熊猫栖息地的早期研究文字。

事实上，潘多拉和潘的捕捉也是合作的成果。1938年3月，纽约动物协会一位理事迪安·塞奇向纽约大学建议，通过成都的教会学校

① 陈诚文：《阔别百年的跨时空会面，全球骨灰级大熊猫粉丝回“家”了！》，2016年11月10日成都大熊猫繁育研究基地官网报道。

捕捉大熊猫应该是理想的途径，因为他们有专业的采集人员，也熟悉当地的民情风俗，和中国政府也有着良好的关系，而纽约方面则以资助华西协合大学电影胶片、学术刊物、科学仪器等教学资源来交换大熊猫。美国人的判断是正确的，这项计划得以顺利实施。那时候，华西协合大学在成都已经立足了二十多年，培养出不少中国通，时任大学博物馆馆长的美国人葛维汉即是熟悉中国西部边民的出色人类学家，对中国西南边疆的人类学、博物学的考察有着开创之功，他在1928和1929年间，于四川穆坪（今宝兴县）搜集到一张大熊猫皮张。1942年，他又“抓住两只大熊猫并将它们作为中国政府送给美国的礼物送到了布朗克斯动物园”。[①]这两只大熊猫曾在华西坝圈养过，一些在华西坝生活过的老先生就有着抹不去的记忆，曾就读于华西坝的郭祝崧先生曾回忆说：

“1942年，中国将送美国的一对‘潘达’暂时放养在华大的加拿大子弟校内，由丁克生老师负责。”“消息一传出，市民成批拥进华西坝，希望观赏一下。”

那时候，朝气蓬勃的大学生郭祝崧酷爱摄影，还是商务印书馆香港《东方画刊》的特约摄影记者，面对这样的尤物，他自然想将之留在镜头之中。无奈被加拿大人丁克生一口拒绝，郭祝崧即与学校的摄影师张静波略施小技，他缠住丁老师闲扯，张静波则以查看房舍是否需要检修为由，蒙住校工，进入大熊猫的饲养房拍了十多张照片，据

① 葛维汉与大熊猫的故事在本书“熊猫外交史略”一节中也有叙述。

郭祝崧说，那些照片后来还在华西坝足球场展览过。[①]

可惜在时光漫漶中，这批珍贵的图像史料已经消失得无影无踪了。相较之下，来自加拿大的CS的孩子是幸福的，他们在彼时风雨如晦的中国得以与童话般的大熊猫亲密无间，图像和记忆都没有褪去往昔的温馨，这一切，皆缘于他们的父辈——那些曾经将征服的欲望之火燃烧到东方的西方冒险家，以及在中国西部崇山峻岭中执着地传播现代科学文明的科学家和传教士。

## 成都：猎捕熊猫的中转站

西方人探寻大熊猫的路径大多从成都开始，以此为辐射点呈扇形进入，不过，猎捕大熊猫的故事则要从西方人对东方的梦想说起。

1145年，缥缈的东方在一个叫“东方救世主约翰长老”的传说中流传。到了14世纪，罗马方济会一位修士自称到达过西藏，他所撰写的游记文字后来被一位法国作家演绎成一本浪漫而奇妙的荒诞史，东方的神奇从此植入无数西方人的脑海，印度和中国西藏成为他们追逐梦想的目的地。17世纪，数名传教士开始进入西藏。18、19世纪，几个西方国家的神父先后踏入西藏传教。到20世纪上半叶，青藏高原所覆盖的四川西部、云南西北部、甘肃南部和青海的部分地区，出现大批外国人的身影，传教士、科学家、探险家、军人、间谍、商人，其中也有日本人，有如猎犬一般在大漠荒原和高山峡谷中

① 郭祝崧：《我的洋老师》，载吕重九、张肇达主编《世纪华西：纪念华西医科大学建校90周年》，四川人民出版社，2000。

穿行，无数的奇花异草掠过他们的眼帘，装进他们的运载箱，陌生而奇妙的珍禽异兽倒在他们的猎枪下，被制作成标本寄回他们的家乡。最终，奇幻的大熊猫成为那些东方尤物中的超级尤物。第一个发现大熊猫的是法国神父戴维，他于1869年在四川穆坪获得大熊猫生物体，并将第一张大熊猫皮寄回西方，从此，川康及康藏之间的汶川、穆坪、天全、松潘、平武、马边、冕宁等地即成为西方人的重要探险目的地，恍惚的旧年留下了他们的身影：

在四川平武和松潘之间，俄国人波丹宁和贝雷佐夫斯基成为戴维之后收购到大熊猫皮的西方人，时间在1892~1894年间。1897年，姓氏不可考的一位英国人于四川平武杨柳坝获得一只大熊猫并将其制成标本。1910年，一位英国女士将她丈夫在四川马边获得的大熊猫标本赠予大英博物馆。大英博物馆还收藏了探险家罗克赫斯特在四川汶川亲自捕杀的一只成年雌性大熊猫标本。1916年，德国人韦戈尔德在汶川获得大熊猫幼仔一只，不久夭折，之后他带走了三只雄性和一只雌性大熊猫的头骨和皮张。

第一次猎杀大熊猫的西方人是美国人罗斯福兄弟，时间在1929年。与许多探险家选择成都作为大本营不同，他们最早策划从尼泊尔进入西藏，再从西藏入川，因故未果后，他们选择了从缅甸进入中国，将丽江作为探险基地并以此到达四川。七十余年之后，另一位美国人——动物学家夏勒也来到此地，他的目的却与罗斯福兄弟有着天壤之别，他的身份是生物保护工作者、世界自然基金会（WWF）派往中国的首席专家。夏勒念高中时在美国圣路易斯动物园观赏过大熊猫，也拜读过罗斯福兄弟的大作，他在所著的《最后的熊猫》一书中是这样评价罗氏兄弟的："虽然他们的追寻让我读得津津有味，但即使在青少年时代，我对他们的成就也不敢恭维。"在另一本著作《第三极的馈赠》中，夏勒引用萧伯纳的话："人要杀老虎时，称之为娱乐；老虎要杀人时，则被归为凶残。"

参加罗斯福兄弟探险队的英国植物学家斯蒂文斯从缅甸出发进入云南再到川康边境，一路上他收获了众多动植物标本，其中包括一张大熊猫皮。来到成都后，在华西协合大学校园中，他与美国人戴谦和及夫人还有人类学家莫尔斯医生分享了探险心得。戴谦和是华西协合大学博物馆创建人，对成都古地质和三星堆都做过早期研究。戴谦和的夫人对成都鸟类的观察也颇有心得，她收藏的山雀珍品让斯蒂文斯大开眼界。1929年10月中旬，斯蒂文斯到达四川遂府①，在此地，他见到了在成都华西坝无缘一面的探险家——后来担任华西大学博物馆馆长的戴维·格拉汉姆（即前文提及的葛维汉）。有史料显示，在1928~1929年之间，葛维汉也在西昌和穆坪一带搜集过众多动植物标本，并于此间第一次购获熊猫皮。

时间来到1932年，德国人谢弗在四川汶川击杀了一只幼年雌性大熊猫，他的队友也获得两份大熊猫标本。两年之后，美国自然博物馆资助的一支探险队的成员塞奇和谢尔登效仿罗斯福兄弟的做派联手枪杀了一只成年大熊猫。

猎捕大熊猫的沿革史到1936年掀起高潮，传奇的美国女士露丝

---

① ［英］赫伯特·斯蒂文斯：《经深峡幽谷走进康藏：一个自然科学家经伊洛瓦底江到扬子江的经历》，章汝雯、曹霞译，四川民族出版社，2002，第240页。地名遂府存疑，可能是内江。

在汶川捕获一只大熊猫幼仔，并第一次将活体大熊猫带到中国境外。另一位英国人史密斯是露丝的竞争者，这位在中国长住二十年的动物商人是全世界猎获大熊猫最多的人，博得了“熊猫之王”大名。二人皆以成都作为大本营，露丝三次来到成都，并从成都进入大熊猫栖息地，史密斯也将数只大熊猫从高山带到成都再送到美国与欧洲。

从西方人发现大熊猫到1946年，国外共有200多人次前往中国猎捕或搜集熊猫资料。根据冯文和教授记载，1936年之后的十年间，见于记载的被捕获送往国外的活体大熊猫计有16只，在美国展出的有9只，至少有70具大熊猫标本保存在国外各大博物馆。

在追踪大熊猫的历史上，戴维撩开了大熊猫的神秘面纱，罗斯福兄弟引领了贵族狩猎的时尚，露丝作为一名女性写下西方人的探险传奇，动物商人史密斯以他的疯狂之举牵动了商业欲望，华西坝洋人利用地理之便使成都成为过渡性圈养的中转站。在一个多世纪之中，全世界由此演绎出一波又一波的熊猫热浪，大熊猫由一种生物体渐渐演变成人类的文化符号，与世界文明共沉浮。

## 戴维：发现大熊猫第一人

发现大熊猫的早期历史绕不开戴维、罗斯福兄弟、露丝、史密斯，他们的故事流传于众多大熊猫史籍中，也被陈列在向公众免费开放的成都大熊猫繁育研究基地的博物馆中。这是全世界第一个以大熊猫为主题的博物馆，全方位展示了大熊猫史诗般的历程，几位西方人的旧貌在展板上寂静无声，叠印出如烟往事中人类与大熊猫的初次相遇。

阿尔芒·戴维（1826~1900）是法国艾斯佩特市人，当年，他在北京和成都都闻听过大熊猫的传说。有人告诉他，在离成都并不遥远的西部高山竹林中，生活着一种稀有动物，当地人叫“白熊”，作为动物学家，当时他的第一反应是，那可能是什么兽类或者就是熊类的“白化”现象吧。

戴维是1862年来到北京的，这位怀揣十字架和探索东方梦想的动物学家在中国进行了三次探险，第一次在内蒙古，第二次在川康，第三次在秦岭和福建挂墩，他最为显赫的成就是在北京收购到麋鹿和在第二次川康探险中获得了大量罕见的动植物标本。

近一个半世纪之后，他的同胞、法国驻成都总领事杜满希在《法国与四川：百年回眸》一书中这样评价戴维的影响：“在四川，人们对于阿尔芒·戴维神父的记忆最为深刻。他是天主教遣使会会员，还是一名动物学家，1869年3月，他在雅安以北的宝兴县的大山上第一次发现了大熊猫……在邓池沟，天主教堂和他当年居住过的乡间寓所至今仍发挥着功用。”

邓池沟天主教堂是法国天主教在四川建立的第一所教堂，戴维是这里的第四任神父。教堂建于1839年，那时候，清王朝的国门尚未被西方人撞开，他们选择高山荒僻之地传教，是为了躲避中国官方的干扰，同时也折射出西方人“强烈的好奇心，持久的惊异，对知识的渴求，多彩的梦想”。当年的戴维正是怀着这样的心态踏上中国国土的，这片广袤的国土回报了他的渴求。在北京，他发现了中国独有的珍稀动物——麋鹿，将它引进到西方，后来麋鹿在中国绝迹，而西方的麋鹿数量却日益增多，并在1979年和1987年两次返种故土，作为动物学家的戴维无疑是功勋第一人。许多年之后，当中国开始实施大熊猫人工繁育，麋鹿在西方人工豢养繁殖的成功经验给予中国动物学家们以信心。

1869年的春天，戴维从成都出发，踏入四川雅安穆坪，他的许多令人激动不已的发现便依次刻印于世界生物学史上。其中有美丽的金丝猴，当时他称之为仰鼻猴。当他看见它们在雪山映衬下灵动的身影，他知道这个地方他来对了。他曾描述说：

> 这种猴子的毛泽金黄可爱，身体健壮，四肢肌肉特别发达，它们的面部特别奇异，鼻孔朝天，几乎位于前额之上，像一只绿松石色的蝴蝶停立在面部的中央，它们的尾巴大而壮，身上披着金黄色的长发，长期栖息在最高的雪山树林中。[①]

在这片陌生的土地上，戴维还见到了令人惊艳的虹雉，它们有力的翅膀、机敏的听觉每每使人不可企及，还有众多让他目不暇接的奇异生物……在这个只需几小时就可领略亚热带、温带、高寒带的奇妙之境中，戴维收获了大量标本，它们被记录在他后来整理撰写的《中国之鸟类》和《戴维植物志》之中。该书记载的鸟类有772种，其中约有60种是他的最新发现。哺乳动物计有200个种类，新种高达63个。植物新种同样有着丰富的收获：杜鹃花属有52种，木兰属3种，

---

① 史幼波：《大香格里拉洋人秘史》，重庆出版社，2007，第98页。

冷杉属4种，栎属4种，还有几种蔷薇科植物。有些植物的名称带有鲜明的四川地域标志，比如川百合、川滇荚蒾。在这些开创性的发现中，大熊猫无疑是“发现之最”了。他在不久前听闻的、令他不以为然的“白熊”，在他来到邓池沟不久，就给予他比麋鹿和金丝猴更为巨大的惊喜。

关于他第一次见到熊猫皮的情景，他在日记中有确切记载，时间在1869年3月17日。那一天，他到一位姓李的地主家做客，在主人的家中，他见到了一张异样的动物毛皮，奇特的黑白色让他生发出浓厚的兴趣，他将皮毛拿在手中反复观察，仔细揣摩，那显然不是“白化”所致。人们告诉他，这就是竹林中的“白熊”，也可称之为“竹熊”。

那时候，戴维便隐隐觉得它将成为生物学上的一个有趣的新种。当他听说猎人们第二天即将上山捕猎白熊时，充满了无限的期待。后来，受雇于他的十几位猎手在穆坪东部高山上抓获了一只幼体白熊，令人遗憾的是，鲁莽的猎人们为了携带方便，在下山途中将之杀死了。不过不久之后，猎人们又带回了一只活体。戴维曾记叙说：“我刚好又获得了一只雌性成体黑白熊，毛色略带黄色，黑色部分比幼体更浓、更亮。”“这只黑白熊特别可爱。”对于这个前所未见、无与伦比的宝贝，戴维当然是想将它运回法国巴黎的，但是蜀道之难，谈何容易，加之饲养不当，这只白熊最后死于邓池沟，戴维只好将之做成标本寄往巴黎。当世界第一个大熊猫模式标本亮相巴黎自然博物馆时，科学界为之震动。

作为生物学家，戴维所取得的成就被学界广泛认可，就在他为法国带回大量动植物新品种的三年之后，他被任命为法国科学院院士。又过了几年，法国地理学会、法国社会科学学会授予他金质奖章和大师的荣誉称号。令人疑惑的是，对于这些奖励，戴维竟然都拒绝了，而且是连续坚拒了几次。人们解释说，那是因为戴维谦逊的美德。这个说法是牵强的。或许，作为生物学家的戴维和博爱众生的戴维是冲突的，爱怜生物的戴维胜过了解剖生物的戴维？

除开那些疯狂的、只为获取商业利益或满足征服欲望的西方人，踏入中国西部的有些冒险家兼博物学家是怀着某种矛盾心绪的。另一位博物学家，也曾几次追踪过大熊猫的华西坝洋教授葛维汉就曾担心，人类文明会污染中国西部地区原始朴素的形态。曾经穿越过熊猫栖息地的生物学家斯蒂文斯也曾明确表达：“希望现代文明不会打破这片神秘土地的宁静与安详，因为随着道路的开通，就会有汽车喇叭

▶邓池沟戴维纪念馆的戴维雕像　雷文景摄

的喧闹和汽油泵的污染出现在这里，而所有这些令人厌恶的行为都是以人类进步为名义，至少我们要在上帝创造的地球上保留一块净土，不受现代商业气氛的破坏。”[1]

戴维是“世界动物日”的赞同者，也受到过“自然神学”的影响，他在来中国之前就曾说过：“我崇尚出自上帝之手的奇异自然景象，它们使人类最精美的作品也显得微不足道。”[2]戴维在穆坪停留的时间并不长，一共是八个月二十三天，当他离开此地时怀着复杂的情感。他在日记中说：“我觉得我爱上了这些山，而且我在离开时甚至感到难过。”他还说，“凡有眼睛的人都看得到的宇宙神妙，因为以自我为中心的盲目追逐物欲而变得单调无味……难道说造物主在地上创造那么多样化的生命体，每个都有独特的优点而本身都那么完美，却只不过是为了让它的杰作——人类——将它们永远毁灭？”中国之行成就了伟大的生物学家戴维，也成就了沉醉大自然不能自拔的作为上帝子民的戴维。

1900年11月10日，阿尔芒·戴维病逝于巴黎。今天，四川邓池沟和他的家乡故居都建立了戴维纪念馆，在他故居的一块花岗岩碑上，记录着他传奇的生平，碑的右下角镌刻了一只大熊猫；在另一座叫哈巴汉的城市中，一所学校以他的名字命名，这无疑是对这位大熊猫发现者的最高褒扬与纪念。

---

① ［英］赫伯特·斯蒂文斯：《经深峡幽谷走进康藏：一个自然科学家经伊洛瓦底江到扬子江的经历》，章汝雯、曹霞译，四川民族出版社，2002，第233页。

② 孙前：《大熊猫文化笔记》，五洲传播出版社，2009，第90页。

## 露丝：成都“熊猫之殇”

美国女士露丝与大熊猫的结缘堪称传奇，她是第一个将活体大熊猫带到中国境外的人，也曾在成都遭遇了“熊猫之殇”，还是世界上第一个将猎捕大熊猫放归野外的人，这一切，都与她的丈夫比尔·哈克内斯密切相关。

露丝的丈夫是罗斯福兄弟的朋友，也是一位负有冒险精神的探险家，曾经在印度尼西亚捕捉到一种行踪隐秘的蜥蜴——科莫多龙，在美国探险圈子中已经有了一点名气，但是对他而言，这成就还远远不够。罗斯福兄弟因为猎杀过更加神秘且高贵的大熊猫而名噪一时，风头远远盖过了他，他盘算着，如果能捕捉到一只活体大熊猫并带回美国，那将创造一个奇迹。

1934年9月，哈克内斯离开新婚十余天的妻子露丝前往中国，翌年3月1日抵达上海，可命运并不垂青于他，还没有看到大熊猫的一丝芳踪，这位年仅三十四岁的美国人就因患肿瘤死于上海。他的梦想留给了他的遗孀露丝——一位有着艺术与冒险气质的服装设计师。

1936年4月17日，怀着悲伤与夙愿，露丝出发了，她要到中国活捉一只大熊猫。她周围的亲朋好友都以为她疯了，一个没有受过野外训练、没有任何狩猎经验的人，而且还是一个女人，要去中国猎捕大熊猫，这无异于天方夜谭。当露丝到达上海时，来码头迎接她的是英国人史密斯，此人是露丝亡夫哈克内斯探险队的主要成员，一位长期生活在中国的捕猎者。在露丝后来的探险生涯中，她却并未选中这位丈夫的合作者，二人由此心生嫌隙，并演绎出大熊猫猎捕史上的“双雄PK”。

作为探险家，露丝确实毫无长处，但是作为女人，而且是在美国上流社会如鱼得水的名媛，露丝自有过人的情商。无论在上海还是在成都，一路之上，她都能得到那些结识不久的朋友的帮助，其中最为重要的一位，是她在上海选定的合伙人杨昆廷。当时美国探险界有一位著名的华裔探险家杰克·杨，此人体魄强壮，胆识过人，进行过多次野外探险，也曾参加过罗斯福兄弟的探险队，他本是露丝的最佳人选，但他却向露丝推荐了他的弟弟杨昆廷。当时杨昆廷虽年仅二十岁，却与哥哥一样醉心于荒原探险，已经跟随哥哥操练出不凡的野外经验。1936年炎热的夏天，露丝在上海汇中饭店[①]第一次见到他：“昆廷·杨英气逼人，差不多六英尺高，身体消瘦而笔直，穿一套西式服装，显得利索精干。”[②]露丝对杨昆廷印象极好，很快答应下来。

1936年10月，露丝和杨昆廷来到成都，这个中国内陆城市令她吃了一惊，她无法想象在离莽莽高山如此近的地方，居然耸立着一座巍峨的城市，她感觉到“成都仿佛就是世界的中心”，这一定是梦想熊猫的缘故，感性而富于幻想的露丝对成都产生了这般浪漫而华丽的印象。在成都，她曾前往华西协合大学检查亡夫寄存的探险设备，不久，她就和杨昆廷制订出详细的迈向高山的计划。

---

① 现为和平饭店南楼。

② ［美］维基·康斯坦丁·克鲁克：《淑女与熊猫》，苗华建译，新星出版社，2007。

10月20日，探险队由成都出发，经灌县到达汶川。11月初的某一天，在当地猎人的带领下，他们惊喜地发现一堆大熊猫粪便。11月9日，在一个叫草坡的地方，露丝梦想成真，几个文献都描述过当时真实而缥缈的传奇：

> 在雾气很重的高山上，露丝和杨昆廷正艰难地穿行在竹丛中，伙伴们就在不远的地方，但是什么也看不见，她正沮丧着，突然，她听到枪膛滑动的声音，似乎有人在叫着“白熊——白熊——”，她担心猎人们开枪射杀，费力地跟随着杨昆廷，挣扎着向声响处靠拢，即在此时，“他们听到从一棵古旧而腐烂的云杉树里传来一阵婴儿般的哭声，杨急忙向前跑去，伸出双臂，探入巨大古树的树洞，一个三磅重、黑白相间、毛茸茸的小家伙趴在杨的手上，杨很快把这个猫咪大小的宝宝递给了露丝，露丝感到自己的心脏一下子停止了跳动”。那一刻，“没有任何童话比这幕情形更具梦幻色彩了，没有任何虚拟昏暗迷宫比这幕情形更令人不知所措了”。[①]

这无疑是上帝赐予这位美国女性的最好礼物，她将之取名为“苏琳”，那是杨昆廷嫂子的名字。就在此时，被她摈除在探险队之外的史密斯却发出另外的声音，他宣称是他雇用的猎手最先发现这个捕猎点，而露丝在获知这一消息之后，赶在他之前获取了本属于他的成

---

① ［美］维基·康斯坦丁·克鲁克：《淑女与熊猫》，苗华建译，新星出版社，2007，第113页。

果。史密斯不依不饶，在报纸上大放厥词，但却改变不了露丝怀抱熊猫风光八面的事实。

在与熊猫宝宝朝夕相处的几个月里，没有当过母亲的露丝生发出了万般的母爱，她无法想象这个超级可爱的动物被猎人们屠杀时的血腥场面。她的情绪感染了周围的人，当著名的西奥多·罗斯福看到苏琳时，他表示出对自己曾经射杀大熊猫的忏悔；另一位杀戮过大熊猫的探险家迪安·塞奇也惭愧地说道："我绝不会再杀熊猫了！"这些忏悔无疑是可贵的，却只能像一滴水落进水缸，小小的涟漪转瞬间即消失在新一轮对大熊猫的狂热追捕中。

诋毁露丝的史密斯更是发誓要与露丝一较高下。

在露丝获取大熊猫之前，这位面色苍白、身体虚弱的英国人在中国已经盘踞了近二十个年头，猎获过大量的动物，但却一直对大熊猫无所斩获，是露丝的成就让他病恹恹的身体爆发出了惊人的力量，在获得了足够多的资金后，史密斯也以成都为猎捕大本营，在川康一带雇用了众多猎人追寻价值千金的大熊猫活体。他后来终于成功了，成为西方世界也是全世界捕获大熊猫最多的人。他一共收购了12只活体大熊猫，其中运到英国的活体有6只，成为不折不扣的"熊猫大王"。但在露丝眼中，史密斯的猎捕初衷是为了获取金钱，他对动物并没有怜惜之情，数只大熊猫都死在他的手中，露丝尖锐地批评说："他只是批发性地猎取大熊猫，然后让它们死去。"

与史密斯长住中国相比，露丝在中国的时间短暂得多，她一共三次来到成都。在苏琳暴得大名之后，1937年8月，她第二次前往中国，本欲重复前次的路途，从上海到成都，但日本人在上海发动的侵略战争打乱了行程，她只得取道越南再奔赴成都。这一次，杨昆廷没有在她身边，可她依然获得了一只大熊猫成体，取名“阴”，可惜不久死去，之后露丝又获得一只大熊猫幼仔，取名“妹妹”，并运回了美国。

1938年4月1日下午1：17，第一只在中国境外展示的大熊猫活体苏琳因肺炎去世，露丝悲伤莫名。而史密斯不久之后又向媒体宣布他已经捕捉到了4只大熊猫，在悲恸与竞争的双重压力下，露丝怀揣着动物园提供的8500美元捕获资金第三次来到成都。当年6月初，露丝第三次来到古锦城，她热爱成都，这座城市是她的幸运之都，她的魅力也吸引了不少在成都的西方人，她甚至与她的中国用人也相处和谐。这一次，杨昆廷已经先期到达，并去信告诉她已经有了成果，当露丝到达成都时，杨昆廷已经捕获了雌性大熊猫宝宝“苏森”，之后，能干的杨昆廷又给她带回了一只100磅重的雄性大熊猫。没想到，就是这头成体大熊猫让露丝猝不及防，击碎了先前萦绕在头顶的美丽花环，她的征服者的荣耀也在顷刻间破碎了。

一个雷电轰鸣的夜晚，那只成体大熊猫突然咬破了关押的笼子，试图冲向大街，安静的“竹林隐士”显露出它食肉动物的野性，它在露丝的居所——一个古旧的老成都宅院里，发出了愤怒的吼声，露丝不由得心惊胆战，如果它冲到人群密布的街上，无法想象会有什么样的结果。杨昆廷也远没有能力只手制服这头号叫的猛兽，只能开枪。只听得三声枪响，无辜的大熊猫即刻殒命。伴随着枪声，湿热的成都落下倾盆大雨，露丝在雨中悲伤地啜泣着，异国的雨水在转瞬间消解了击杀的硝烟，却消解不了她心中悠长的痛楚。

这位出身平民家庭的美国女人，因为结识亡夫得以进入美国上流社交圈，也因为亡夫，参与了只有科学家和富裕的贵族子弟才玩得起的荒原探险。现在，熊猫之殇让她内心的悲悯在沥沥雨水中渐渐显现，她最初拥有苏琳时所产生的无限爱怜之情此时开始升华，她意识到，她所从事的工作似乎正在走向事情的反面——先前的意愿之一是捕捉大熊猫供科学研究，现在，她必须结束这一切。她和杨昆廷共同杀死了一只大熊猫，她是同谋，她必须赎罪，而杨昆廷在事发之后便突然离她而去。如今，她手上还有另一只取名苏森的年轻大熊猫，她要把这个小家伙放归山林。就像她第一次前往中国猎获大熊猫一样，有人认为她疯了，这一次，她也得到了同样的评价。

7月10日，露丝带着一位姓王的忠实用人，雇用了数个挑夫重回竹林，她来到汶川高山捕获苏森的地方，解开了束缚的绳索，苏森消失于浓密的竹丛，挣脱了人类网织的欲望红尘。这是世界上第一只被人类捕获又放归山野的大熊猫。

# 拯救

# 坠入红尘的竹林隐者

## 饥饿的熊猫

提到大熊猫，人们自然会联想到竹子，它是大自然演化出的大熊猫“标配”食物，竹子之于熊猫，犹如粟黍之于人类，一旦失去食源，一定会遭遇灭顶之灾。从1976年到1983年，岷山山系和邛崃山系的竹子相继出现开花现象，大熊猫的主食冷箭竹由零星开花发展到大面积开花。邛崃山系竹子开花时，不祥的预感开始四处弥漫，“国宝”大熊猫到了最危险的时候，拯救“饥饿的大熊猫”成为能见度极高的热点新闻。有一首民歌风味的流行歌曲《熊猫咪咪》曾传唱四方：

> 竹子开花啰喂／咪咪躺在妈妈的怀里／数星星／星星呀星星多美丽／明天的早餐在哪里？……请让我来帮助你／就像帮助我们自己／请让我去关心你／就像关心我们自己／这世界会变得／更美丽……

竹子开花是竹子生命轮回的自然选择，每60至70年开花一次，花开之后，同类竹种便会枯败而亡。这首歌即是在冷箭竹大面积开花之后创作，作曲者是中国台湾歌手侯德健，首唱者为当年炙手可热的歌星程琳。歌词怀着深切的怜悯以及对大自然和人类的关怀："请让我去关心你，就像关心我们自己"，这里的"我们"不仅是全中国，也是全世界。

《人民日报》于1983年8月10日以《自然保护区竹子开花枯死，四川采取措施拯救大熊猫》为题首次报道了大熊猫挨饿的消息，这则在第二版出现的看似简短的消息却有不同寻常的意义。当月27日，中华人民共和国国务院办公厅即向各级政府机构转发了林业部抢救大熊猫的紧急通知，中国国际广播电台也以38种不同语言，向全世界播报了大熊猫遭难和抢救的讯息。年底，四川省在五个地方设立了抢救大熊猫监测站。世界各大媒体也在不断报道，正在中国调查熊猫生态的WWF首席专家夏勒博士在他的《最后的熊猫》一书中记录了当时的一些报道："解救大熊猫……竹子短缺，大熊猫受威胁……救援大熊猫工作在进行中……"中国林业部副部长向媒体披露说："野外已发现21具大熊猫尸骨，还有6只在被发现后死亡……饥荒可能进一步恶化，救援工作至少持续10年。"

中外各类媒体的渲染让"饥饿的熊猫"迅速成为全球关注的生态焦点，世界各地的捐款纷至沓来，当时的美国总统夫人南希、日本作家黑柳彻子等世界名流带头向灾区募捐，无数热爱大熊猫的小朋友更是捐出了自己的零花钱。在中国，现在许多50岁以上的人也许还记得，当年为拯救大熊猫掏出了自己买零食的钢镚儿，歌星程琳那舒缓的、饱含深情的歌声仍在脑海中回旋，那一幕幕情景在许多人心中留下了一抹纯洁而温馨的回忆。

在这之前，岷山山系的竹子就曾大面积开花，波及四川平武、九寨沟及甘肃文县等地。被誉为“熊猫作家”的谭楷创作过大量大熊猫题材的报告文学与科普作品，他曾用动情的笔墨描述过当时的境况：

> 1974年至1976年，是大熊猫生活史中的饥饿年代，成都动物园派出了张安居参加国家林业部的调查队，到平武、青川唐家河、北川小寨子沟调查灾情。调查队员们踩着没膝深的积雪，看见一片片枯黄发黑的竹林，如烧伤的肌肤。最为惊心动魄的是，不断发现熊猫尸体——有的已经腐烂不堪；有的被豺狼撕碎；有的母子紧抱着，长眠在雪谷里；还有一只不到半岁的熊猫宝宝，离妈妈仅一步之遥，但它再也没法吮吸到妈妈的乳汁了，妈妈的生命冻结在回眸一望的瞬间，而小宝宝最后的啼饥号寒之声，也被风雪声吞没了。[①]

那一次调查统计，共有138只大熊猫横尸山林；另一统计表明，1974年至1983年，岷山山系和邛崃山系共有250只大熊猫因饥饿而死。

大熊猫从被人类发现开始，许多时候，它都被赋予了远超一个生物体所能承载的意蕴，因此大熊猫注定要遭遇人类的过度解读甚至误读。在竹子开花给人以旷世灾难印象的基调下，生物学家却以科学理性告诉人们：“竹子开花”既给大熊猫以威胁，又没有威胁。没有威胁在于：

---

① 谭楷：《迁地保护的成功典范》，《大熊猫》2007年第5期。

> 第一，在所有大熊猫分布区中都同时生长着两种以上储量丰富的竹子，不同竹子不会同时期大面积开花。第二，每年大熊猫对竹子的消耗量都不超过其中任何一种竹子年生长量的2%。竹子开花最严重的卧龙地区，只有一种冷箭竹开花，且面积只占竹子分布区的75%，另外一种竹子没开花。第三，大熊猫的活动区域和它们粪便中的食物成分，同竹子开花前的情况没有什么不同。[①]

这是北京大学教授潘文石的观点。美国的夏勒博士也持有大致相同的看法。四川大学教授冯文和则说："自有大熊猫以来的三百万年里，按箭竹以六十年一个开花周期计算，迄今已重复开花达五万次以上。如果箭竹开花是大熊猫的劫难，大熊猫可能早已灭绝了。"他还进一步指出，"箭竹类周期性的开花枯死，不仅创造了新的竹林，而且促进了大熊猫的繁衍和进化，这就是自然选择的魅力……"生物学家的研究表明，大熊猫并不存在粮荒，即使大面积开花，它们也有足够的其他食物代替。[②]中科院院士魏辅文在一篇文章中引述例证："冯文和等人曾解剖了在大熊猫主食竹开花枯死期间（1982~1992）死亡的52具大熊猫尸体，发现因天灾（竹子开花）致死的个体约占9.6%。"[③]

---

① 潘文石：《漫长的路》，江苏科学技术出版社，1998，第56页。
② 冯文和、李光汉主编：《拯救大熊猫》，四川科学技术出版社，2000，第116页。
③ 赵学敏主编：《大熊猫：人类共有的自然遗产》，中国林业出版社，2006，第70页。

难道大熊猫并不会因竹子开花而“沦陷”？当年举世震惊的救助大熊猫事件是“误读”？大熊猫研究专家胡锦矗教授认为要看具体情况，在竹源单一的地区，竹子开花一定会给大熊猫带来致命威胁，而在有两种竹源的地区则威胁小得多。在夏勒博士看来，虽然有关机构高估了饥荒的严重性，但竹子开花仍然构成威胁，这种威胁的本质并不在于减少了大熊猫的食源，而在于人，是人类的持续砍伐森林和盗猎生物，让大熊猫的栖息地不断缩小，各个种群被分离且不能逾越人类的障碍，只能听天由命。其他科学家的观点也相同，魏辅文就说：“在那些高度破碎化的区域，一旦竹子发生大面积开花，大熊猫将因被周围农田、交通道路、居民点包围而只能坐以待毙。”

科学家们的担心自有根据，四川人口在民国初年就达到4500万，为了拓展生存空间，人们逐年向高山步步进发，迫使大熊猫节节败退。《四川林业志》在记载民国初年到1947年四川生态时描述道：“仅仅三十几年的时间，四川森林覆盖率以每年递减0.5%的速率急剧缩小为20%……森林资源消失如此之快是空前的，亘古未见。”[①]《卧龙的大熊猫》也描述说：1934年西方人谢尔登在岷江附近捡拾到大熊猫粪便的地方，到20世纪80年代，科学家们来到此地寻踪觅迹时，大熊猫已经了无痕迹。此外，“宝成铁路施工及随后沿途在江油和四川北部丘陵地区的建设使大熊猫分布区几乎向西退缩了100公里”[②]，而为建设所需的森林被大量砍伐，嗅觉比狼犬还灵敏的大熊

① 王继贵主编：《四川林业志》，四川科学技术出版社，1994，第20页。
② 胡锦矗、［美］乔治·夏勒：《卧龙的大熊猫》，四川科学技术出版社，1985，第10页。

猫当然得另觅安全的处所。更为严重的是，20世纪70年代再度在世界兴起的大熊猫热仿佛一把双刃剑，在奇货可居的利益的驱使下，偷猎大熊猫、买卖大熊猫皮张开始兴风作浪。20世纪80年代，一张大熊猫皮在成都可以卖到4万元的高价，公安部门查获了大熊猫皮张走私事件115起、大熊猫皮146张。1985年至1991年间，中国各地法院审理了123件大熊猫盗猎和走私案件。1982年至1992年是偷猎大熊猫的高峰期，据冯文和教授记录，四川省野生大熊猫的盗猎个体数大约是大熊猫死亡数的23.1%。这一切无不表明，开花的竹子在许多时候成了无辜的同谋犯，竹子确实惹了天大的祸，但是这个祸根的来源却是人类自己，从西方人猎杀大熊猫肇始，人类不可抑制的欲望才是大熊猫最恐怖的敌人。

大熊猫栖息地两次“竹子开花”，成为大熊猫保护史上具有里程碑意义的事件，也是中国生态保护历程中的标志性事件，虽然在当年的热闹纷繁之中，科学家的理性声音多少黯淡了一点，但历史从来就不是直线性的，它总要蜿蜒而行。竹子开花，福兮祸兮？排除学术上的论争，政府重视才是保护的关键，中国政府的高度关注和采取的保护举措可谓前所未有。对大众而言，这个难忘的事件让他们领略了动物对一个国家的举足轻重的意义，也算是早期的生态启蒙了。

在此期间，1978年，中国建立了7个以大熊猫为重要保护对象的自然保护区。1983年，四川建起了五个监测站，“组织了52个巡护观察组，约有六百名科技人员和工人参加抢救大熊猫工作”[①]。该年底，政府下拨了未来三年每年400万元的抢救资金，从北京到成都，从成都到偏僻的乡村，从高级官员到基层职员，从地方官员到黎民百姓，具有中国特色的庞大救援活动牵扯了无数中国人的神经。

大熊猫何以被人们如此珍爱？答案只有一个，它不仅是中国的“国宝”，也是地球濒危动物的象征符号和深受全世界喜爱的超级动物明星。在“竹子开花”之前，大熊猫已在20世纪50年代被作为礼物赠送给朝鲜、苏联等友好国家。从1972年起，大熊猫又作为“国礼”和“外交大使”去到了美国、日本等国。而就在邛崃山系竹子开花之时，世界自然基金会正在卧龙地区与中国进行野外合作调查，这表明中国对生态保护有了积极开放的姿态，正是在此历史大背景下，成都大熊猫繁育研究基地开始孕育。

## 成都的拯救

几十年之后，当人们回溯“竹子开花”事件和成都的大熊猫抢救与保护史，一些历史片断在时间的缝隙中浮现，关于“成都拯救”和基地初创的故事并不遥远。

张安居在大熊猫抢救与保护过程中是举足轻重的人物。兽医出身的他担任过成都动物园园长，后来被任命为成都市园林局局长，身跨两界的身份使他成为成都大熊猫繁育研究基地的积极倡言者与有力

① 参见2016年3月第38卷第2期《自然辩证法通讯》。

促成者。岷山山系“竹子开花”时，他加入调查队亲临现场，曾操刀“连续解剖了十三只熊猫尸体，只见个个胃腔内空无一物，肠子通透发亮”，这是十余年前他给作家谭楷讲述过的情景。2018年9月19日，当笔者再度采访他时，这不忍目睹的一幕仍留存在他的记忆中。当第二次竹子开花袭击邛崃山系时，他和他的同事们见证了更多的熊猫悲情故事。检视留存的史料，被人们提及最多、细节颇为详细的是对大熊猫“全全”的抢救。

全全：雄性，亚成体；籍贯：四川天全；发现地点：小河乡龙门四队悬崖之下。全全被发现时，头部重伤，鲜血流淌，口吐白沫，昏迷不醒，它显然是从悬崖之上摔落而下的。发现国宝的农人黄光元不敢怠慢，可山高路远，运输困难，他和同伴们用了三个小时才将熊猫抬到山下公路，再用拖拉机运到了天全县城。就在他们展开救护时，成都动物园已经接到了消息，连夜制定好了救护方案。1984年4月10日，国宝全全躺上了手术台，成都动物园园长何光昕率众人与成都军区总医院的医生共同会诊，结论是：

“长期营养不良，患有多种疾病，觅食不慎摔伤，脑脊开放性迸裂，伤口长11厘米、深5厘米，并已感染。严重脑震荡。脑神经明显受损，致使全身失去知觉。肺音紊乱，心音不齐。”[①]

在经验丰富的医生们眼中，这无疑是命悬一线，经过一番争分夺秒的抢救，全全总算维持住了生命体征。然而手术之后，全全连续几天仍萎靡不振，全靠人类细心喂养流食以维持生命。一周之后，全全

① 冯文和、李光汉主编：《拯救大熊猫》，四川科学技术出版社，2000，第184页。

的生命体征开始复苏，心跳有力了，还能勉强翻身坐一会儿，且能自己舔舐牛奶了。再过一月，全全康复脱险。须知“国宝”乃“国之重器”，成都动物园肩负重大责任，容不得丝毫疏忽和失误，当时，所有人都长舒了一口气，据说“年近花甲的李尧述医生乐坏了，甚至给大熊猫鞠了一躬，祝贺它终于脱险了”。这是一只从死亡线上被拉回红尘的大熊猫，套用人类的语言，真是“大难不死，必有后福”。为纪念它的出生地，人们给它取名“全全”。全全康复后落户卧龙大熊猫保护研究中心，并与卧龙的大熊猫“莉莉”婚配成功，后来育有一子，取名“蓝天”，成为中国第一只圈养繁殖的大熊猫。

在两次“竹子开花”事件中，野生大熊猫数量最多的四川成为重灾区，从卧龙、天全等四川各栖息地抢救出的大熊猫，大部分都运来成都动物园抢救、医治，成都动物园成为救护野外大熊猫数量最多的动物机构，总计有50余只。另据冯文和教授统计，成都动物园在

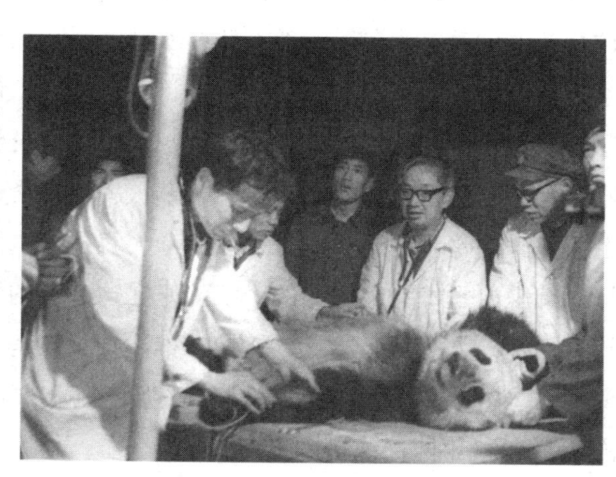

▶成都动物园与军医携手抢救病危熊猫
成都大熊猫繁育研究基地供图

“1974~1993年期间，共救治野生大熊猫63只，治愈47只，治愈成功率为75%；治疗无效死亡16只，占25%”。死亡的大熊猫被送到四川大学生物系进行解剖研究，康复后的大熊猫有的放归野外，有的被统一调配到全国各地动物园。成都动物园最后留下了6只大熊猫，其中3只雌性，它们是美美、果果、苏苏；3只雄性：强强、6号和9号（川川）。这6只大熊猫成为今天成都大熊猫繁育研究基地“成都圈养种群”的“老祖宗”。

拯救大熊猫如果只靠成都动物园是独木难支的，地理位置距成都大熊猫繁育研究基地很近的成都军区总医院曾给予过大力帮助，两个机构共同组成了“救治小组”，还曾举办了“四川省抢救大熊猫医务人员培训班”和“青川县抢救大熊猫学习班”。在一次又一次的救援中，军医们总会以军人的干练火速前往。

1987年3月28日，成都动物园的大熊猫“苏苏”突然在体检麻醉时昏厥，呼吸骤停，动物园园长何光昕不由得焦急万分，这可是一只即将出访荷兰的“外交大使”。当日下午6时，军区总医院军医曾祥元正在家中举行庆贺侄女考研成功的家宴，正待开席，楼下传来了何光昕紧急的呼唤声。闻听“国宝”命危，曾军医立马赶到现场。那时大熊猫停止呼吸已达整整三个小时了，偏偏“屋漏又逢连夜雨”，又恰遇停电，兽舍昏暗。这可如何是好？一众人只得打电筒、点蜡烛、举煤油灯，交织出手术台上怪异的光线。好在这奇特的照明并未影响抢救：气管插接，人工呼吸给氧，输液，推注呼吸兴奋剂……整整三个半小时过去了，苏苏开始有了微弱的呼吸，但众人却不敢离开半步。曾祥元在2003年回忆说：

▶大熊猫苏苏 成都大熊猫繁育研究基地供图

大家非常清楚苏苏的病情，发病迅猛，呼吸骤停，缺氧，脑水肿，各种反射消失，肾功能衰竭，微循环严重障碍，重度休克。

苏苏还在鬼门关上徘徊。

果然不出专家们所料，夜深人静的时候，苏苏的病情出现了反复，心音低钝，动脉跳动微弱，腹部气胀如鼓，肠蠕动停止……[①]

又是一阵紧张的抢救，苏苏终于从二十五小时漫长的昏迷中苏醒过来，回到了人间。

1987年6月，美丽的苏苏如期出访荷兰，荷兰亲王和前女王出席

① 曾祥元：《危急！抢救大熊猫》，《中国西部》2003年第3期。

了苏苏入住熊猫馆的开幕式。荷兰人宣布，从该日起，荷兰在全国发起为中国大熊猫的公益募捐活动，越过生死线的苏苏不知道，它为自己的家乡赢得了一笔不菲的资金。

如果说成都军区总医院是成都动物园的强力友军，四川大学的冯文和教授则是成都动物园和成都大熊猫繁育研究基地的科研伙伴。冯文和是中国大熊猫早期研究者马德的学生，1957年毕业时即立志进行大熊猫研究，并为此在成都动物园收集站所在的天全县两河口进行过野外考察调研，无奈研究刚起步，“十年动乱”乌云来袭，工作被迫戛然而止。“十年动乱”结束后，大熊猫的命运随国策峰回路转，冯文和虽年届六旬，仍抖擞精神，重拾旧梦。从1982年到20世纪90年代初，他一共解剖了从成都动物园等地送到四川大学生物系的熊猫遗体52只，堪称“全世界解剖大熊猫最多的人”。[①]在大熊猫保护史上，人类拯救过众多的大熊猫，大熊猫也反过来成就了许多人的学术与事业追求，“竹子开花”事件也促成了在成都建立大熊猫繁育研究基地的构想。

据作家谭楷记述，在成都建立一所集科研、旅游、教育于一体的成都大熊猫繁育研究基地居然是在公园里面决定的，时间在1986年春节。那时候，成都文化公园正在举办传统的元宵灯会展览，在熙来攘往的人流中，“成都市园林局局长张安居、建设部副司长郑淑玲、四川省林业厅野生动植物保护处处长胡铁卿闹中取静，相会八角亭”[②]，

① 周育才：《50年的熊猫缘》，《大熊猫》2011年第4期。
② 覃白：《迁地保护的成功范例——成都大熊猫繁育研究基地20年》，《大熊猫》2007年第5期。

他们在看似轻松悠闲的气氛中，举行了基地筹建的第一次会议。以今天的眼光回顾往昔，这个会议选择的历史时机恰到好处。第一，从1972年起，大熊猫几次被作为国礼赠送给美国、日本等国，成为“外交大使”，它的政治意义非同凡响；第二，世界自然基金会已经与中国政府开展了大熊猫保护合作研究，借鉴国外经验，进一步与国外合作成为可能；第三，中国政府已经开辟了五个大熊猫自然保护区，圈养大熊猫的策略有利于野外保护；第四，“饥饿的熊猫”已经引发了全球性的关注，拯救大熊猫成为人类共同的话题。政治、科学、情感，这三种合力促使人们必须要有所作为。

历史给予了成都得天独厚的优越条件，除了地理的便捷——这在大熊猫捕获史上被屡次证明过，作为四川科技文化的中心城市、中国西部的大都会，成都在管理调度、经费筹措、文化宣传等方面自有不可替代的优势。迁地保护的核心——对大熊猫的饲养与繁育，成都动物园经过“竹子开花”事件的抢救实践已经取得初步经验，同城的四川大学、成都军区总医院、华西医科大学、中科院四川分院等机构更是多学科支撑的强力后援。

雅安市前副市长孙前先生钟情大熊猫历史研究和文化产业策划，他大约在十年前比较过卧龙中国保护大熊猫研究中心和成都大熊猫繁育研究基地的特色，他认为成都的科研成果同卧龙不分伯仲，但成都大熊猫繁育研究基地的游客量、宣传推广策略、募集资金的能力却远远超过了卧龙，因此卧龙名扬四海在先，而成都却后来居上。[①]这个

① 孙前：《大熊猫文化笔记》，五洲传播出版社，2012，第38页。

评价反证了当年成都人在斧头山建设成都大熊猫繁育研究基地的思路是正确的。

从1869年发现大熊猫到1987年，成都与大熊猫的关系史经历了清末、民国、中华人民共和国三个历史时期。清末时期，大熊猫属于中国，但科学意义的“大熊猫”属于西方，中国人遭遇了科学上的缺席。民国时期，西方人数度将大熊猫暂时寄养在成都，华西坝的洋人也曾圈养过数只大熊猫，中国人只有零星研究。中华人民共和国成立以后，西方人大部分时候只能在纸上或标本中阅读大山中的大熊猫，属于中国的大熊猫回到了中国人手中。在此历史背景下，成都的大熊猫饲养经历了百花潭动物园、成都北郊动物园、“竹子开花”三个时段，从生涩到熟悉，从熟悉到初步探究，现在需要向圈养繁殖的纵深发展。圈养繁殖即易地保护（或称迁地保护），是大熊猫就地保护的延伸，张志和博士在《大熊猫的易地保护》一文中给予了清晰概括：

> 它是提供给丧失栖息地的濒危物种的最后一道保护屏障，也是保存其基因的有效手段；对易地保护种群的研究可以为保护野生种群提供知识来源；人工饲养与繁殖的种群增长，可以为今后复壮野生种群提供个体资源。此外，还是向公众进行生态教育的最佳课堂。[①]

张志和这段话正是当年筹建基地的指导性思路以及后续工作的深

① 赵学敏主编：《大熊猫：人类共有的自然遗产》，中国林业出版社，2006，第156页。

入与延展。文化公园的“八角亭会议”仅仅过去一年之后，1987年3月15日，成都大熊猫繁育研究基地在成都北郊斧头山正式建立，时任成都市市长的胡懋洲挥铲奠基。1990年，成都大熊猫繁育研究基地与成都动物园脱钩形成独立建制，在全新的生物保护观念的映照下，斧头山的大熊猫繁育研究基地名扬四海。

## “熊猫就是熊猫”

摊开成都大熊猫繁育研究基地导游全景图，斧头山的形状怎么看也并不像一柄斧头，却像一只大熊猫头的剪影。这是巧合还是制图人有意为之？答案并不重要，重要的是大熊猫的生物密码隐藏在基地，正有待生物学家去探索、解密。

大熊猫有太多的秘密需要解答。它在中国古代叫什么名字？从民国时期的生物学家周建人开始，人们搜寻旧籍，考究来源，却至今没有完美的答案。夏勒博士干脆说：“大熊猫没有历史，只有过去。”大熊猫在生物学分类地位上是属于熊科、浣熊科还是猫熊科？虽然大部分专家认定为熊科，但是争论仍未结束，夏勒博士仍坚定地认为：“熊猫就是熊猫”，它只属于它自己。大熊猫总是手握竹子畅快进食，像极了灵活的人类，这源于它有第六根指头——一种特化的桡趾骨，那是漫长生物进化的奇迹，著名生物学科普作家古尔德在论述进化的奇妙时，即用了“熊猫的指头”为例。大熊猫本是凶猛的食肉动物，为什么又转而食素？在转向食素的漫长历史中，它的消化系统为什么仍保留着食肉动物的特征？大熊猫已经在我们的星球上存活了八百万年，星移斗转，沧海桑田，它是如何渡尽劫波而悄然隐于高山？大熊猫栖息地的“竹子开花”是不是熊猫的噩梦？为什么它的幼仔呱呱落地时，其体重只有区区100克左右，仅有母体的千分之一？为什么大熊猫妈妈产下双胞胎后大都会遗弃一只？为什么大熊猫春季发情的规律却有例外？为什么大部分圈养大熊猫失去了交配能力？陕西秦岭怎么会生活着颜色不同的棕色大熊猫？最致命、最终极的一个问题应该是：大熊猫是否正处于一个物种的衰败期？如果是，它会在什么时候自然消亡？

在大熊猫身上存在着考验人类智慧的“十万个为什么”。

对大熊猫的生物学探秘起始于大熊猫的发现者、法国博物学家戴维以及巴黎自然博物馆主任米勒·爱德华兹。对大熊猫的狂热追逐让西方人先后拥有了十余只活体大熊猫和几十张大熊猫皮张，也拥有了对大熊猫研究的早期探索成果，《大熊猫的形态学与进化机理的研究》《伦敦动物园大熊猫“姬姬”》《大熊猫栖息地》等早期论文都是西方人留下的遗产。在中国，1934年，古生物学家裴文中教授对北京周口店大熊猫化石进行过研究；1943年，动物学家彭鸿绶教授对野外大熊猫进行了最初调研。民国时期的著名实业家卢作孚曾斥资建立了“中国西部科学院”，这所民间科研机构曾组织本土生物学家致力于大熊猫研究，且拥有中国本土第一例大熊猫标本。成都的教会大学——华西协合大学曾圈养过多只大熊猫，据该校校史所叙，该校对大熊猫有所研究并拥有一个大熊猫标本，这或许是早期为数寥寥的对大熊猫的中外合作研究吧。

值得一提的还有华裔青年杨昆廷，他是将大熊猫活体第一次带到国外的露丝的得力助手，这位小伙子在帮助露丝成功捕获大熊猫后，继续留在大山深处追击大熊猫，因为他曾许下诺言，要捕获一只大熊猫给中国科学家研究，他后来做到了。这是一位怀着强烈民族情感的青年，当年他与露丝在大山宿营时，露丝在她的帐篷前支起一面美国国旗，而杨昆廷则在自己的帐篷前竖起一面中华民国国旗。他与露丝是默契的搭档，但他从未忘记自己的血脉，他的爱国举动在风雨飘摇的岁月殊为可贵。

民国之后，中西方的大熊猫研究在持续进行，但是却像两条平行线，基本上中断了沟通与交流。到20世纪70年代，西方人在缺少大熊猫资源的状况下发表了200篇研究报告、论文以及报道，1966年莫里斯夫妇撰写的有关大熊猫一般行为的著作《人与熊猫》成为早期经典；而中国受到“十年浩劫”的严重影响以及科研水平本来就落后于西方，有关论文仅有60余篇。转机出现于1979年，当中国人敞开心胸迎接世界后，大熊猫研究的颓势便迅速扭转。据胡锦矗教授的不完全统计：仅20世纪80年代，在全世界600余篇大熊猫研究专著和论文中，中国人的文章达到了468篇。这是一个了不起的进步，这个数字超过了中国过去110年大熊猫研究论文的总和。从发现大熊猫到2000年，有关大熊猫的论文有1300篇。[①]今天，在学术网站“知网”上搜索“大熊猫”主题词，论文的条目已经达到了6967条，“维普中文期刊”则显示为7709条。在百度网站上键入“熊猫”和“大熊猫”主题词，有关文章分别有惊人的4330万条与2410万条[②]。中国人的主动变

① 胡锦矗：《大熊猫研究》，上海科技教育出版社，2001，第21、22页。

② 统计数字根据时间不同有变化，此为2018年10月1日搜索结果。

革让大熊猫研究在强势的西方语境下有了属于自己的话语权，斧头山的成都大熊猫繁育研究基地在其中又做了什么贡献呢？

## 熊猫说出了许多秘密

当潮水般的游客手执导游图走向成都大熊猫繁育研究基地的科学探秘馆、大熊猫博物馆、大熊猫太阳产房、月亮产房、大熊猫1号别墅时，大多会忽略地图所标示的编号为“4”的办公区，这里矗立着一栋静谧的楼房，它是整个研究基地的核心，是中国野生动物保护机构唯一省部共建国家重点实验室培育基地——“四川省濒危野生动物保护生物学重点实验室”以及“全国博士后科研工作站”所在地，基地的全部科研成果、对大熊猫秘密的一系列破解即发轫于此。

如果说，在大熊猫保护史上，胡锦矗教授和夏勒博士等人回答了关于野生大熊猫的基本问题，潘文石教授等人回答了秦岭野生大熊猫的家庭结构问题，北京动物园、卧龙中国保护大熊猫研究中心等机构也回答了某些问题，但是大熊猫的许多秘密仍然待解，这个神秘的“竹林隐士”，既懒洋洋又活泼泼的“行走的化石”似乎在和人类开着玩笑，它如果能开口说话，一定会这样说：

是你们人类曾经为满足私欲将我们猎捕、杀戮、买卖，同时你们再进一步破坏我们的家园，让我们行将灭绝；也是你们人类因为要拯救自身而前来保护、探究我们。好吧，你们来吧，探究我们秘密的最佳地点本在高山，可高山被你们破坏了，那么我们就顺着你们的意愿来到平原吧。

根据你们人类的记载，我们在“竹子开花”受难之后，最早被安置在成都北郊动物园，可是那个动物园太小，挤不下我们几十只大熊猫，曾经还一度将我们送到隔壁的昭觉寺暂时喂养，那可是念“阿弥陀佛”的神圣之地，所以不适合我们大熊猫，于是你们就在斧头山为我们找到了新居，第一期工程就规划了80亩地，你们在这里为我们盖起了第一栋豪华别墅——现在的14号兽舍。回想起来，当年建设者们的工地居所都简陋得要命，既不挡风也不遮雨，比起我们大熊猫在高山上的树洞也好不到哪里去。还听说有的人在为期一年的工地劳作中居然穿烂了几十双草鞋，有几位领导同志还亲自上马当搬运工，他们真是辛苦，抬着我们的熊猫笼“嗨左嗨左”喊着号子，气喘吁吁，满头大汗，有的人还严重摔伤，从此落下了一生的病根。关于运输我们的笼子还可以插一句，后来基地专家王成东等人专门对笼子进行了改装设计，还申请了“大熊猫运输笼”实用新型专利呢。

▶基地创建初期工作人员搬运大熊猫
成都大熊猫繁育研究基地供图

我们知道，你们人类如此干劲十足，不为别的，只是为了一个目的：拯救我们这些千金宝贝大熊猫，生怕我们从此就要从地球上消失了。一年之后，你们的一期工程完成了，这是全世界第一家专门进行熊猫繁育研究的动物保护单位，建设者们可谓功勋卓著。今天，在这个新建的家园，我们熊猫已经寓居三十年了，我们熟悉这里的空气和竹子，也熟悉这里喂养我们的每个人，他们的名字可以列出一长串：老一辈当中，有张安居、李绍昌、李光汉、何光昕、钟顺隆、叶志勇、兰其媛、左红、胥桂蓉、侯桂芳、吴肖菊、宋云芳等等；继之而来的有张志和、王成东、侯蓉、沈富军、兰景超、黄祥明、吴孔菊……

根据你们人类的言辞，如今早已满头华发的老一辈“熊猫爸爸”——现在的“熊猫爷爷”——在斧头山有了专门的研究基地之后，带领他们的团队获取了关于我们圈养熊猫的健康状况、行为、营养、繁殖生物学／内分泌学、辅助生殖、早期发育、社会能力、行为变化、疾病以及遗传管理等诸多信息。可以说，我们的每一个眼神、每一个动作，我们的爱情和我们所有的一切，都被他们关注着，还被写进一本叫作《大熊猫：生物学、兽医学与管理》的书中。

这本书是“熊猫爷爷”张安居与英国动物学家戴卫等人主编的，是国内外专家共同合作的科研结晶，是把我们集中圈养之后所取得的成绩，我们如果身在野外，你们人类是很难得到这些信息的。虽说这本书是中外跨文化合作的，但外国人还是不得不承认：“中国大熊猫的繁殖保护工作像个神话，用短短几十年的时间，从无到有，在建立一个大熊猫健康种群上取得了令人瞩目的成绩。”“大量前期的工作是由中国人独立完成的。”[①]这个评价非常之高，连我们熊猫也为你们高兴。

我们记得，那些“熊猫爷爷”在20世纪90年代先后都退休了，包括与基地合作的四川大学教授冯文和来探望我们的时间也减少了，不过他们却牵肠挂肚，仍在继续关注着我们婚配美满否、贵体康健否、起居安稳否。张安居还担任了成都大熊猫繁育研究基金会顾问，为筹募喂养和研究我们的金钱费着心思。现在，基地的领军人物叫张志和，他年纪虽不大，却也和我们打了三十年交道，他和他的团队与上辈人一样，对我们熊猫怀着持续的好奇心和源源不断的关爱，成都大熊猫繁育研究基地的核心——“四川省濒危野生动物保护生物学重点实验室”即是在他领导之下创建的。

▶ 张志和　陈荣绘

① ［英］戴卫·维尔特、张安居等编：《大熊猫：生物学、兽医学与管理》，剑桥大学出版社，2007。

“如果人类连一种动物都无法保护，还何以保护人类自己？我一定要让大熊猫在这里旺盛地繁衍生息。”这是张志和的内心独白，表明了他从事这项工作的信念。人们戏称那些整日与熊猫们零距离接触的工作人员为“熊猫奶爸”“熊猫奶妈”或“熊猫爸爸”“熊猫妈妈”，张志和即是一位资格的“熊猫爸爸”，不过外国媒体给他取了一个更具荣誉感的称号——“大熊猫再生之父”。基地实验室创立之初，经费拮据，这位掌舵人不得不紧缩开支，有一篇报道曾写过他的一段趣事：

对创建一个高水平实验室来说，300万元远远不够，张志和精打细算，在实验室规划设计、动工建设、添置设备以及人才招聘等方面，都保证把每一分钱花在刀刃上，自己却过着苦行僧般的生活。为了节约开支，他像《创业史》中的梁生宝一样把一分钱掰成两半花，出差常睡在车厢座位底下。1994年5月的一天，在成都开往西安的火车上，几个小偷发现车厢座位下面的一个年轻人正在昏睡，暗自窃喜，以他们“丰富的人生阅历”判断出这是一位“农民工”，下手偷窃成功。事后，张志和笑着说：“小偷一定很失望，因为当时我身上的全部家当只有152.7元和一张火车票。”[①]

这个故事多少可以反映出大熊猫迁地保护早期的窘境。1980年之

① 刘小葵、蒋松谷：《大熊猫繁殖专家张志和》，载《文化白莲池》，成都时代出版社，2017。

后，中国为了筹措保护经费，结束了熊猫的“国礼”身份，采取了简单的租展形式，即以熊猫养熊猫，向国外动物园收取租金。夏勒博士在《最后的熊猫》中以不以为然的笔触记载说：“安特卫普动物园付的12万美元熊猫租借费、纽约动物园学会付的60万美元，全数都用来兴建成都附近的一座养殖场。”[①]那时候，夏勒可能并不理解中国人的做法，他的观点既包含对圈养保护在学术上的不同见解，也有文化上的理解偏差。

幸运的是，老一辈的“熊猫爷爷”与张志和以及他们的团队最终还是熬过了那段艰难时光，开放的中国也渐渐融入全球生态保护的行列中。1988年，世界自然基金会等国际自然保护组织呼吁全球禁止濒危动物借展，大熊猫的租借就此结束。1992年底，中国政府拿出了空前的大手笔，拨出6000万元的基金，启动“中国保护大熊猫栖息地工程”，并与全世界开展“升级版”的大熊猫租赁，要求出租个体必须是圈养大熊猫，出租期限为十年，每年出租一对大熊猫收取租金100万美元，如产下幼仔则归属中国并增收20万美元，出租期间双方开展合作科研。这个全新意义上的大熊猫租赁让一切开始向规范有序的方向发展，科研经费在逐年增长，科研视野也日渐打开，成都大熊猫繁育研究基地的科研成果开始让同行专家刮目相看。早在十年之前，成都大熊猫繁育研究基地就已经被许多国内外同行专家公认为“开展大熊猫保护科研综合实力最强、取得科技成果最多、应用推广效果最好的单位”。

① ［美］乔治·夏勒：《最后的熊猫》，张定绮译，上海译文出版社，2015，第288页。

奠定成都大熊猫繁育研究基地学术理论地位的著作是《大熊猫迁地保护：理论与实践》，该书由张志和与基地合作科研的魏辅文院士主持编著，老一辈生物学家赵尔宓院士在序言中评价道："（该书）系统地反映了大熊猫迁地保护的研究成果，引入了新理论和实用技术，既有理论指导意义，又兼具了实践指导意义。"这个评价非常高，迁地保护虽然是人类保护大熊猫的无奈之举，但却是通向大熊猫种群繁盛希望的有效通道。

张志和擅长动物保护遗传学和兽医学，但要解密大熊猫仅靠此远远不能探幽析微，还需要和动物遗传育种与繁殖专业、兽医学专业、生态学专业、营养学专业、胚胎工程学专业等学科结合起来，基地的多个突破性成就即是在基地多学科协作探究之下完成的。

"中国制造"如今成为许多人关注的科技文化事件，成都大熊猫繁育研究基地经过多年的努力，其科研技术成果"原创性地解决了多项大熊猫保护世界性难题，引领了圈养大熊猫保护事业的技术进步"，已经成为"可输出"的中国品牌。在30年时光中，他们以"截至2017年底，共繁殖大熊猫162胎255仔，成活206仔，建立了现存184只的全球最大大熊猫人工繁育迁地种群"的成就回答了关注生态、关注熊猫的世界性叩问。这样的成就足以让人们向成都大熊猫繁育研究基地致敬，但他们清醒地知道离最终的目标——复壮大熊猫野外种群——还有漫长的路途需要跋涉。

生态保护是一个辽阔的领域，涉及政治、经济、文化诸多方面，对一个生物体的专业描述，专业之外的人大多陌生难解，所能触及的教育范围有限，"保护主义美学"需要全人类通力合作与集体认可方能彰显意义，因此张志和操刀撰写了《熊猫的秘密》等好几本科普读物，用浅显的文笔向人们揭示大熊猫既隐秘又趣味盎然的世界。他在《熊猫的秘密》前言中说，撰写此书的目的是“以期有更多的人来一起关心、保护它们和我们共同拥有的这个脆弱的家园”。在另一本与美国学者塞娜·贝可索博士合著的科普读物《大熊猫：生·存》一书中，开篇尖锐地指出：“虽然我们不愿承认，但事实上我们人类就是罪魁祸首，正是人类的行为直接或间接导致了大量生物灭绝。”在结尾处，两人几乎是用哀求的口吻提醒人们：“我们不要求人们来捐款，我们只是恳请大家选择轻质的生活方式，只有这样，人类以外的生物才能生存和繁衍。”

“轻质的生活”和“脆弱的家园”，前者是后者的拯救良方，后者是漠视前者的代价。张志和爱说的一句话是：“熊猫没有错，都是我们人类惹的祸。”

科学研究、保护教育、教育旅游，这是成都大熊猫繁育研究基地的三大特色，它所指向的历史文化内涵，不仅是指对一个濒危动物的保护关系到一个物种的存亡，更关涉生物多样性对人类的重大意义；破解大熊猫的生物密码也将顺势破解人类的保护策略；对一个物种的关爱与拯救关系到人类文明对自身的评判，关系到每一个地球公民对生活的重新评估。正是这些宝贵的认知让他们在不自觉中将保护大熊猫的意识上升到了对人类社会的终极关怀。大熊猫研究从一个法国人开始，经历了跌宕起伏的历史进程，保护与繁育大熊猫的重要力量终于还是回到了大熊猫的故乡，回到了成都成华区斧头山。

# 缔造熊猫

## 拯救弃婴

面临灭顶之灾的大熊猫将在人类的干预下进行圈养繁殖，这是全世界许多生物学家的共识。虽然也有科学家对迁地保护这一举措忧心忡忡，但是大熊猫栖息地的高山种群被人类的开发冲击得七零八落，严重的种群隔离在短时期内是不可能恢复的，这一切，都将由人类来“埋单”，迫使人们在地球生态的一路溃败中绞尽脑汁，试图“扶大厦之将倾”。

在动物保护史上，三则圈地保护的先例给大熊猫繁殖带来启迪：麋鹿和蒙古野马的回归以及扬子鳄的繁育。麋鹿和蒙古野马原本是中国特有的动物，在中国民间，麋鹿被称为“四不像”：似牛非牛，似马非马，似驴非驴，似鹿非鹿。这个奇妙的动物也是由熊猫发现者戴维所发现，时间在清末，地点在北京南海子皇家猎苑。之后西方国家不断收购麋鹿，其中一位英国公爵成为拥有麋鹿最多的人，后来经由人工豢养，将最初的几十头繁育到了约3000头，而中国本土的麋鹿早在1919年即消失殆尽。蒙古野马，又称普氏野马，由俄国人普热瓦尔斯基于1879年在新疆与蒙古接壤处发现，西方国家先后捕获了28匹运到中国之外，大约在2000年时，人工繁育到500匹以上，和麋鹿一样，蒙古野马在中国本土也踪迹难觅了。令人欣慰的是，现在这两种珍稀动物已经由西方引种返回故里。扬子鳄也是一种古老的动物，曾广泛分布于长江中下游地区且数量众多，甚至达到了“易而贱之”的程度。但由于生态破坏以及猎杀等因素，20世纪80年代时只剩下了500条，但从1983年开始进行人工圈养后的30十年中，其人工种群已经繁殖到第三代，数量增加到1万余条。[①]

这些成功经验无疑给大熊猫保护繁育工作带来信心。曾经多次与成都大熊猫繁育研究基地进行合作科研的四川大学教授冯文和即言道：“保护大熊猫物种在加强自然保护的同时，也要像保护麋鹿和野马一样，加强圈养繁殖，增加数量，否则大熊猫物种会提前绝灭。”

这警告并非危言耸听，在人与动物相处的漫长时间中，虽然人类早已驯养了众多的动物，也取得了繁殖动物的诸多经验，但是从高山陡然间来到圈养兽舍的大熊猫却始终让人难以捉摸。西方人的早期圈养繁殖大多失败，北京动物园和成都动物园等机构也没有全方位的突破，可资借鉴的成功例子非常稀少，失败的教训倒是俯拾皆是，成都大熊猫繁育研究基地的早期设计人张安居、何光昕和他们的团队即遭遇过惨痛的败局。

大熊猫有一个独特的生物现象：如果产下双胞胎，绝大部分大熊猫妈妈只有能力哺育一只，可它们生下双胞胎的概率又非常高，大约有48%。难道只能眼睁睁看着其中一只幼仔白白死去？通过人工干预繁殖，哪怕增加一只，那也是非常珍贵啊。但是要做到这点却是非常困难的，所有饲养员都不敢接近“坐月子”的熊猫妈妈，因为动物育

① 张志和、魏辅文主编：《大熊猫迁地保护理论与实践》，科学出版社，2006，第31、32页。

幼是不能受到些许惊动的，这个经验源自对黑熊和棕熊的饲养繁殖。这两种动物在育幼时拒绝一切亲近，一旦受到干扰，即便只是闻到异味，便会惊惶、烦躁，继而残酷地立即将亲生幼仔咬死。何光昕曾经在北京动物园工作过，参加过中国第一只人工圈养的大熊猫育幼护理，他所提供的经验也大致相同，他曾说北京人常以“老佛爷”来比喻难伺候的对象，育幼熊猫却比老佛爷还难伺候。

然而不接近大熊猫妈妈，就不可能抢救被遗弃的大熊猫幼仔，所以科研人员不得不接近，冒着风险也得接近。经过反复琢磨，他们小心翼翼通过食物引诱分散大熊猫妈妈的注意力，如履薄冰地接近了大熊猫妈妈，并将其中一只幼仔偷偷抱了出来，要知道，这个看似简单的举动却意义重大，意味着基地迈出了人类干预繁殖的第一步。紧接着，人工育幼又增加了难度。国内许多动物园和研究中心都尝试过哺育幼仔，却无一例成功，失败的重要原因归结到两点：一是幼仔吃什么，用什么样的奶汁喂养只有百余克重的小家伙；二是订制一款什么样的育幼箱，它的温度调试到多少方才合适。基地用羊奶试过，不行，用牛奶试过，还是不行，最后想着试用人奶。那一次也是碰巧了，恰逢一位叫陈秀清的女职工刚分娩，她慷慨地表示，为了熊猫宝贝甘愿献出自己宝贵的乳汁。在熊猫产房的旁边，小陈支了一张简易床昼夜值班，日夜哺育新生熊猫，令人再度失望的是，这个方法仍然行不通。这是在1988年发生的故事，当时的幼仔饲养员有三位：左红、固永珍、胥桂蓉，她们最初用自己的胸脯温暖幼仔，取得了较好效果，但这终非长法，研究人员钟顺隆有一次灵光一闪，他测得了大熊猫妈妈怀抱的温度——36℃~37℃，据此制成了自动育幼箱，这成了之后的“经典温度”，然而光靠育幼箱是不够的，最后的结果仍然是：大家绝望地看到幼仔停止了呼吸。

一切努力都付之东流，事情又回到了原点。

刨根究底，失败的根本原因还是因为奶汁不合适，所有嗷嗷待哺的哺乳动物最喜爱的还是母亲的初乳，这是普遍规律，就连人类也是如此。所以得想办法让被遗弃的幼仔获得母亲的初乳，这才是上佳选择，然而这个选择又是何其冒险。第二年，那只先前产下双胞胎、被唤为“美美”的大熊猫，又“美美地”产下一对双胞胎，但结果与上次一样，人们“美美的愿望”再次落空，而且，失败得比上次更惨。钟顺隆一辈子也不会忘记那天的情形：

他将涂了美美尿液的遗弃幼仔递给了美美，试图瞒天过海，取得偷梁换柱之效，好让幼仔吃上妈妈的初乳。没想到，令人揪心的一幕发生了，美美敏感地意识它上当受骗了，岂止是上当受骗，分明是人类对它的孩子怀有不轨之图，突然间，温柔的美美愤怒了，它残酷地踩死了一只幼仔，然后又张开刚猛的利牙，绝情地咬死了另一只，饲养员们不但没有救助到遗弃仔，还让双胞胎幼仔同时殒命，人类的热心却换来惨痛的结局，它长久地烙在成都大熊猫繁育研究基地的育幼史上，成为永远的痛！

大熊猫，这个高山上的隐者，它难道是在以血腥的代价，决绝地告诉人们，它根本就不需要人类的帮助吗？在它的栖息地，严酷的自然环境训练出了它敏感的自卫能力，它所拥有的行为系统、行为伦理对人类而言陌生难解，能够解开这道难题的，只能是它自身适应自然的演化密码，通过这密码，大熊猫一路走过了让人惊叹的八百万年，最后落足到了中国西部雪山，时间也有漫长的一万年了。现在，当它因灾难来到川西平原——这个人类营造的无比舒适的“红尘家园”，急剧转换的环境却让它产生隔膜，注定会与人类产生巨大的矛盾。如何化解这个矛盾，拯救这些“固执”的“不懂事”的家伙，成都大熊猫繁育研究基地的研究人员并没有更好的选择，让遗弃幼仔吃上初乳，仍然只有这“华山一条路”。

就在美美弄死自己亲生双胞胎的第二年，一只叫庆庆的大熊猫又添两丁。这一次能不能成功呢？“熊猫作家”谭楷曾详细地描绘过堪称熊猫缔造史上一波三折、惊心动魄的“经典剧情”：

> 1990年，庆庆生下双胞胎，高兴之余，让何光昕、李光汉二位主任为难，让技术负责人宋云芳、叶志勇犯愁——该怎么办？去年，基地付出了两只幼仔夭折的惨痛代价，今年还敢试吗？讨论来研究去，只有一条路：不冒险，则永远无法前进。在外出差的张安居局长表示支持，再试一试。真是紧张得让人屏住了呼吸。饲养员把一盆甜甜的牛奶递到庆庆面前，遮住了它的视线，就在它注视奶盆时，工作人员把一只新生仔给偷了出来，庆庆丝毫没有察觉。新生仔被送进了温暖的育婴箱。工作人员打算等庆庆把怀中的新生仔喂饱了，再趁送食物之时实施“调包计”。也许是饲养员太紧张了，也许是庆庆突然有所察觉，饲养员不敢太接近庆庆，只能把涂了庆庆尿液的新生仔放在地上。新生仔像一只没毛的小耗子，在地上叽叽叫着，蠕动着，引起了庆庆的注意。它不明白，刚刚还在怀中的娃娃，怎么会爬到地上了。这

时，在外观察的所有人，心都提到嗓子眼上了。庆庆起身走过去，嗅了嗅地下的娃娃，伸出粉红的舌头舔了舔，然后轻轻把它叼起来。成功了！两只新生仔都吃上了初乳。它们被反复对调，轮流吃母乳和人工合成奶，长得非常健壮。第一次只有两毫升（只有两滴！）的珍贵初乳，成就了一只熊猫的生命。熊猫并不像黑熊、棕熊和小熊猫那样护仔。这一行为学上的新发现，是大熊猫人工圈养史上的重大突破！[①]

“我们要美丽的生命不断繁殖／能这样／美的玫瑰才不会消亡”，这是莎士比亚的爱情诗句。世界珍宝大熊猫，在全球生态遭遇

► 大熊猫庆庆 成都大熊猫繁育研究基地供图

① 参见2007年第11期《大熊猫》第8页。

重创的晦暗时光中，成为濒危物种的旗舰动物，有着超越玫瑰意象更多的内涵，它们垂危却又美丽的生命因为人类的呵护，在成都大熊猫繁育研究基地让人们看到了它们种族绵延的希望。

## "我们要美丽的生命不断繁殖"

二十年前，成都诗人张哮写过一组"动物庄园"的诗歌，其中有对人类猎杀动物的控诉：

猎人从四面八方走来／陷阱设在保护动物的标牌之下／正大光明／上演着一幕幕／触目惊心的悲剧

逃遁的足音悲凉而凄楚／发狂的人类／正在使那些可爱的动物／无声无息地消失在蓝天之下[①]

此种悲观的情绪并不是空穴来风，一些生物学家也感到情况不妙。曾经对圈养繁殖怀着不同看法的夏勒博士撰写过一本大熊猫名著，即前文提及的《最后的熊猫》，这个书名一语双关，它指涉了剩余在中国西部最后的大熊猫物种，也担心大熊猫将是地球上人类最后能够看到的、行将消失的物种。冯文和教授也怀着同样的隐忧，在其编撰的《拯救大熊猫》一书的后记中写道：

① 张哮：《张哮文集》，2001。

时至今日，大熊猫已经濒临绝灭境地，虽然这是物种发展的自然规律，但是……只要人们有效地加强自然保护，同时辅助繁育，增加其数量，延缓大熊猫的绝灭时间，也是大有可为的。

中国大熊猫研究的开山鼻祖胡锦矗也持大致相同的看法：

从进化角度讲，它不太适应今天这个环境了，它将逐渐退出自然历史，每种动物都要退出，动物都有兴起的时期、兴盛的时期，熊猫已经处于衰败期了……但是只要栖息地环境保护好……熊猫在相当长的时间内，会与人类共存的，大熊猫的生命还远未走到尽头。①

仔细品读他们的言辞，冯文和说的“大有可为”的前提，是要“延缓大熊猫的绝灭时间”；胡锦矗的“大熊猫的生命还远未走到尽头”的表述貌似让人看到了希望，但它的前提是，“栖息地环境保护好”才能使熊猫在相当长的时间内与人类共存，所以，这也只能稍稍给人一些慰藉而已。现实的境况是，人类并没有能力在短时期之内完成生态修复，还大熊猫一个完整而优良的野外栖息地。

成都大熊猫繁育研究基地也没有这个能力，他们能够做到的，只能是用最大的努力延长大熊猫的种族生命。现在，他们已经做到了让遗弃幼仔重获新生，还需要在受精难、怀孕难上再下功夫，这“两

① 参见2009年第4期《大熊猫》第18页。

难”与已经解决的“育幼难”并称“三难”，一个世纪以来，这是全世界圈养大熊猫所共同面临的难题。

张志和博士在《熊猫的秘密》中有这样一段描述：

> 人们往往认为熊猫清心寡欲，生养后代的能力不足，但随着人们对大熊猫世界的研究和了解日渐深入，发现事情并非完全如此。科学家们就曾经在野外观察到，一只雄性大熊猫和一只雌性大熊猫在圆房的过程中，70分钟之内爬跨了42次，其中39次都成功。在人工饲养的条件下，也观察到过大熊猫成功交配的时间竟达34分钟。①

仔细阅读这段描述，它潜伏的台词显然是，大多数时候熊猫的“洞房花烛”并不美妙，所以难得一见的雄壮爬跨就能让生物学家感到无比欣慰。现实仍然是，大熊猫如此稀少的种群繁衍数目，虽说与栖息地遭遇破坏相关，但一定与其自身的生理状态也大有关联。比如，大熊猫的生命之根就极其短小。胡锦矗教授的《大熊猫研究》一书详细描述过这一生理特征：“阴茎在静止状态下完全龟缩于包皮囊内，呈L形弯曲的圆柱状，阴茎头朝向后方，全长40~120mm。”“与食肉目的犬和熊相比，阴茎骨小很多。”②

这是对成年大熊猫的描绘，而在幼年大熊猫身上，雄体的阳根几乎难以辨别，大熊猫圈养史上就多次出现过将性别弄错的事情。最早

① 胡锦矗：《大熊猫研究》，上海科技教育出版社，2001，第30页。
② 胡锦矗：《大熊猫研究》，上海科技教育出版社，2001，第56页。

的案例即是露丝第一次带到美国去的“苏琳”，人们一直将之视为妹妹，而苏琳实为小伙子。2003年，在成都大熊猫繁育研究基地一直被当作雄性豢养的大熊猫“蜀庆”居然是个妹妹。雄强的阳根注定是生命繁衍的保证，指望大熊猫用如此短小的生命之器传宗接代，着实让人们眉头紧蹙。

本来，高山上的大熊猫自有它繁衍的绝技，每到春暖花开的时节，大熊猫们便春心萌动，一只又一只的雄性大熊猫总会聚集在一只雌性大熊猫的巢穴区展开追求，这些小伙子会疯狂缠斗一番，胜出者就能赢得姑娘的芳心。优胜劣汰的法则无疑能让大熊猫优秀的基因世代传承下来，这是它们繁衍了几百万年的上佳演化选择。如今，当它们转换了生存空间，养尊处优的生活看似美好，却在一点点销蚀掉它们原本的野性，大多数圈养大熊猫懵懵然不知道如何度过“新婚之夜”，即使圆房，母兽的受孕成功率也不高。显然，这是一种双向的陌生，大熊猫陌生于新环境，人类陌生于熊猫的习性，这些宝贝不但不会“爱爱”，而且对“新郎”还格外挑剔，有些大熊猫还会调皮地“假孕”，它们的发情期只限于春季，错过了就只能等待来年，这对于急于想要帮助它们的人类来说是何其漫长。

人工条件下的自然繁殖如此之难，人们想到了“人工授精”技术。成都大熊猫繁育研究基地的前身成都动物园早在20世纪80年代初即进行过尝试，当时，他们在熊猫精液的采集、稀释、冷冻技术中进行过多次探索，但是效果却一直不尽如人意，每一次，在显微镜中观察到的精子都毫无活力，要靠它传宗接代几乎不可能。不过，成都大熊猫繁育研究基地并没有放弃。

希望出现在1998年，一位叫久格尔的生物繁殖专家从美国飞临成都，真可谓“山重水复疑无路，柳暗花明又一村”。美国科学家有先进的精液冷冻技术，成都大熊猫繁育研究基地有长期豢养熊猫的实践经验，中外专家携手探秘，终于取得了突破性进展，他们制成的熊猫冷冻精液的活力达到了60%。有了生命原动力，如何计算母兽的排卵时间，如何适时授精，仍是一个难题，毕竟，这原本是大熊猫的“私密”。野生自然条件下，雄性大熊猫可以通过母兽的排泄物、生殖器的气味、发情期的行为做派（比如叫声的特点、亲昵的程度）等来判断新娘是否排卵了，作为局外人的人类却难以准确做到这点。不过这个难度比起“冷冻精液”“调包育幼”来说却低一些，生物学家们在长期观察中已经积累了一些经验，他们总结出了熊猫发情的几种叫声：呻吟声、狗吠声、唧唧声、嗷嗷声以及咆哮声。

这些求偶的声音总是在春天发出。

每当3月来临，斧头山竹笋拔节，鲜花怒放，在这个谈情说爱的美好季节，基地人员便会处于高度“警戒状态”，他们全天候聆听着大熊猫们发出的呢喃声，生怕错过了采集精液的宝贵时间。大熊猫的确是高贵而神秘的，连它的交配期高潮也总让人惊鸿一瞥，珍贵而短暂。在每年的发情季，它们提供给人类的采精时间仅有二至五天，机会稍纵即逝。某一年的早春，夜幕已垂，万籁俱寂，成都大熊猫繁育研究基地科研楼的一扇窗户突然亮起了灯光，这是基地主任侯蓉摁开的，睡梦中的她刚刚接到监测人员的电话，他们观察到有三只熊猫出现了排卵现象，侯蓉翻身下床，迅速带领助手前往，她要在一天之内完成人工授精，否则成功机会就十分渺茫。

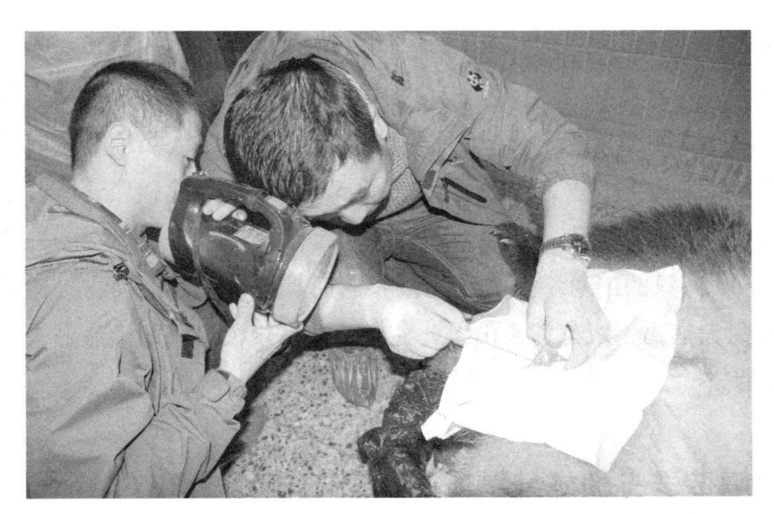

▲ 基地工作人员正在进行大熊猫人工授精工作　成都大熊猫繁育研究基地供图

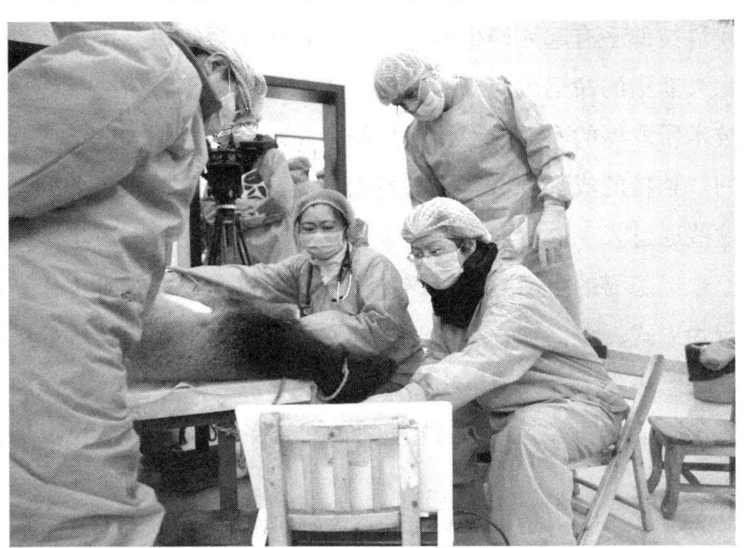

▲ 侯蓉（前坐姿者）在工作中　成都大熊猫繁育研究基地供图

侯蓉与她的团队后来成功了，时间定格在1997年。从1936年人类开始圈养大熊猫算起，已经过去了半个世纪，人类再次破解了动物的生物密码，大熊猫繁殖不再成为生物学的谜题，这个人类缔造的成果成为动物保护史上的重大突破。到了2005年，成都大熊猫繁育研究基地的繁育技术更加成熟，截至2017年，他们以惊人的217.24%的种群增长率和126只的绝对增长数领先世界，而且还帮助其他动物机构繁殖了24只大熊猫，成都斧头山以此拥有了全球规模最大的大熊猫人工繁育种群。①

## “隔壁老王的娃娃”

现代科技似乎有起死回生的魔力，通过人工授精以及圈养哺育，濒危动物大熊猫的命运由此开始反转，成都大熊猫繁育研究基地也以此两项技术所取得的骄人成绩让世界瞩目，基地繁育的大熊猫成为当仁不让的“独特的成都种群”，塑造出人类与大熊猫关系史上的全新之境。这些通过人工催生而出的宝贝，快乐地生活在成都成华区斧头山，它们曾经隐秘的生活方式暴露在科学家与饲养员的视野中，它们所有的行为方式，包括饮食、冷暖、脾性等，一举一动都在饲养员与科研人员的监测之中，成为生物保护的重要细节。

对人类而言，我们对大熊猫生存之道的探索，终归是为了保护

① 此数据源自2017年出版的《这三十年——成都大熊猫繁育研究基地建园30年纪念册》。据成都大熊猫繁育研究基地官网2019年6月13日报道：截至2018年11月，成都大熊猫繁育研究基地共繁殖188胎284仔，现存195只。

人类自身，“万物一体”，地球是动物与人类的共同家园，理解这一点，即便理性如科学家，在与大熊猫的朝夕相处中，也总是伴随着爱怜与惊喜。专家们撰写的《大熊猫：生・存》一书为人们描绘了一组成都大熊猫繁育研究基地的“熊猫群芳谱”。以前，人类不可能在高山上与大熊猫朝夕相伴，即便是在卧龙和秦岭进行野外研究的夏勒、胡锦矗、潘文石、雍严格等卓越的动物学家，也不可能做到长时期地与大熊猫零距离接触，而在圈养基地，能开展大熊猫的科学研究，也使全世界关爱大熊猫的人们观赏大熊猫的心愿得到满足。熊猫专家在书中描绘了14只大熊猫的生活，它们是众多大熊猫中的佼佼者，也是具有典型意义的圈养大熊猫的日常生活样本。

例如书中提到的“成成”，它是众多大熊猫中最善于教育孩子的好母亲，它不明白人类“寓教于乐”的含义，但是它的母性让它与孩子们相处得极其融洽，在与孩子的玩乐中给予了大熊猫幼仔最好的教育。虽然基地提供的家园的范围远远小于野生栖息地，但在这有限的“方寸之地”之中，成成却照样不亦乐乎地教孩子们如何进食，如何攀爬，如何与兄弟姐妹相处。基地的饲养员——那些奶爸奶妈，无不对成成充满了敬佩与叹服。

成成已经是非常能干的母亲了，但是还有更出色的，它叫“娅娅”，它的成就超过了成成。到2010年，娅娅已经繁育了9胎13只幼仔，存活下来的有12只，这可是一个了不起的成就。不仅如此，娅娅还具备两项禀赋，它能在人工帮助下哺育双胞胎，而不会遗弃其中一只，这已经是让人欣慰的进步；而更让人惊奇的是它的第二项“技能”，它还愿意哺育其他大熊猫产下的幼仔，这在大熊猫圈养史上堪称奇迹，成都大熊猫繁育研究基地以此为启发，发明了“幼仔交换育幼技术”并加以推广。据闻，“现在，不仅所有的圈养繁殖双胞胎都能够存活，就连那些大熊猫妈妈拒绝抚养的幼仔也能存活”。

这个“一猫带多仔”的技术意义非凡，因为正常的野外育幼大熊猫一般是在两岁左右断奶，在早期种群数量稀少的圈养条件下，为了让生育能力强的大熊猫早日怀孕多产仔，幼仔会被强行在半岁时断母乳，好让它们的妈妈再迅速“婚配”，这样的蛮横举动显然存在一个问题，过早断奶违背了大熊猫的自然哺育过程，断奶的幼仔在心智与行为上一定会大受影响，因此，成都大熊猫繁育研究基地开始培养更多的能够一猫带几仔的大熊猫妈妈，他们选择像娅娅一样有带仔经验的大熊猫妈妈进行培养，同时也不断培训一些经验不足的大熊猫妈妈。很多人怀疑这种做法的可行性，没想到，这个人工繁殖领域异想天开的手段却成功了。似乎大熊猫的心思正被人类一点点看透，人类的“居心叵测”让大熊猫们的母性战胜了血缘，这些领养妈妈与亲生妈妈毫无区别，它们每每愉快地牵领着“隔壁老王”的孩子在兽舍中过着愉快的家庭生活，教它们如何游戏、进食、攀爬，如果孩子们听话，领养妈妈还会发出“嗯嗯嗯”的赞许声，而不听话的时候，幼仔那些不正确的行为就会被妈妈反复纠正。

在保护大熊猫的课题中，人类最担心的一个问题是，因为栖息地被人类的“文明”分割，一些高山种群的数量少得可怜，后果只能是近亲繁殖的增多而使其生理退化，因此，不同种群间的交配繁殖便显得尤为珍贵。

大熊猫“勇勇”就是两个种群的爱情结晶。勇勇的妈妈是成都大熊猫繁育研究基地的“蜀庆”，爸爸“屏屏”则是从陕西秦岭抢救出来的“客居者”。当勇勇出生时，人们显然对它生发出多一些的关爱，因为秦岭大熊猫种群是区别于其他山系的“亚种”大熊猫，所以它的遗传基因弥足珍贵。在勇勇还是个懵懂小孩子时，基地就有意将之与小姑娘“娅星”安排在一起生活，培养它们“青梅竹马”的美好感情。当娅星出落为大姑娘、勇勇成长为小伙子时，有心的饲养员就安排它们在一个笼子里生活。但是，不要以为青梅竹马就注定能促成水到渠成的姻缘，这些珍宝们的爱情与人类也有着相似之处，它们对情人总是怀着挑剔的眼光，那是它们进化选择的本能——比人类更为纯粹的本能——不论富贵与贫穷，只认可感觉和魅力。它们选择情人的标准也每每让人类大跌眼镜：人们以为的靓妹，雄性大熊猫不以为然；人们认为的帅哥，雌性大熊猫甚至连瞄一眼都不愿意。有时候，两只情不投意不合的雌雄大熊猫甚至会大打出手伤及对方。这也是长期困扰国内所有熊猫繁殖机构的难解之题，许多“拉郎配”以失败而告终，书写了大熊猫史上人类的尴尬。

这一次，勇勇和娅星又如何呢？它俩还是姐弟恋呢，娅星出生于2002年8月28日，勇勇出生于2004年8月26日，它小了娅星足有两岁。大熊猫哪里知道，每一次，当它们享受着甜美的爱情时，人类总是怀着既高兴又忐忑的心情期盼着。当春天摇曳出绿色的明媚，基地工作人员惊喜地发现，这对平日里相伴和谐的姐弟终于碰撞出了爱情的火花，它们有了初夜，虽然并不完美，但这对姐弟却并没有灰心。书中记载道：“不过，它俩的脾气却是好得出奇，而且非常有耐心。经过近十二小时的磨合，它们终于交配成功。”这意味着，这对分别来自秦岭和成都的大熊猫有希望产下“混血儿”，延续它们优质的种群基因了。

▲ 大熊猫勇勇　成都大熊猫繁育研究基地供图

## “51克”传奇

高山竹林中的大熊猫，曾经像神话一般缥缈神秘，它们的面纱如今正被人们一层一层地揭开。成都大熊猫繁育研究基地的奶爸奶妈们靠着不舍昼夜的观察与呵护，对这些小家伙的性格、禀赋已经如数家珍。与人类一样，宝贝们也是形态各异的，有的慵懒，有的调皮，有的聪明，有一些却又异常笨拙。卧龙中国大熊猫保护研究中心就有一只完全不知怎样哺育幼仔的大熊猫，饲养人员干脆给它起了个诨号，叫它“傻大姐”。

成都大熊猫繁育研究基地的“梅梅”当年也是这样的“傻大姐”——一个完全不称职的“笨妈妈”。1999年8月4日，梅梅与夫君“哈兰”的爱情结晶“奇珍”来到世间，初为人母的梅梅竟然不知如何是好，那粉嘟嘟的小生命好像与它没有半毛钱的关系，真是憨得要紧，也傻得要紧，但梅梅后来远渡日本，成了高产的“英雄妈妈”，不过那却是后话了。

关于哺育幼仔，此处需要插叙一笔：所有的大熊猫爸爸，都是负心的“陈世美”，都是不负责任的逍遥父亲，它们一旦厚着脸皮追求“美女”成功，行了鱼水之欢，便会迅速逃离洞房而百事不管。当然，这也不能完全指责这些大熊猫爸爸，因为大熊猫妈妈在行房之后，也是极其厌恶这些“臭男人”的，它们总会发出嫌弃的叫声驱赶雄性大熊猫离开。科学家们在野外栖息地多次观察到这一情形，这意味着，每一只大熊猫，从小到大都是由妈妈含辛茹苦带大的。问题是，在圈养大熊猫中却出现了笨妈妈，它们不知道如何带孩子。对于这一情况，人类又该如何应对呢？

梅梅的第一胎小宝宝奇珍呱呱坠地时，小家伙虽然小得可怜，但是初到世间的叫声却通透而响亮，与它小耗子般的身躯完全不匹配，这也是许多大熊猫幼仔的特征，初为人母的大熊猫妈妈常被这突如其来的高音所惊吓。2014年，一只幼仔大熊猫打喷嚏而惊吓到妈妈的网络视频传遍世界，网络点击率超过了1.5亿，一个文化公司还曾拍摄了《喷嚏熊猫》的电影，演绎出一部娱乐人类的大熊猫喜剧。

那一次，梅梅就是被奇珍惊天动地的喷嚏声所突袭，但是故事的走向却一点也没有喜感，而是让人心惊肉跳。那一刻，被惊吓的梅梅骤然间就换了一副面孔，变得烦躁以致恐慌，只见它竟然伸出爪子，对着自己的心头肉拍打过去，对小生命而言，那可是无比巨大的爪子呀。要知道，幼仔的体重只有妈妈的千分之一，如何经受得住？奇珍当即被抓伤，饲养员慌了，忙不迭找机会将奇珍抢救出来。可怜的奇珍胸脯受伤，兽医小心翼翼将它的伤口缝合，总计缝了七针，这个从鬼门关上走了一圈的小家伙由此得名谐音的“奇珍”。后来，大难不死的奇珍没有辜负人类的救护，也没有辜负它的名字，奇异而珍贵。当它出落成了大姑娘，它与夫君“琳琳”又将另一个大熊猫繁衍的神话续写下来，这便是熊猫圈养史上著名的“51克传奇”。

“51克”正是奇珍的孩子，这名字与妈妈一样，也是因谐音而得，也包含着曲折惊险的故事。“51克”诞生于2006年8月7日，它是奇珍产下的4胎8仔中的其中一对双胞胎的一只。正常情况下，大熊猫小宝宝体重一般在120克左右，最重的宝宝有225克，而当它出生时，体重仅仅只有51克，这是迄今世界大熊猫圈养史上第二轻的大熊猫小生命（2019年6月11日，成都大熊猫繁育研究基地迎来了一只体重为42.8克的大熊猫幼仔）。让人们唏嘘不已的是，大熊猫幼仔本来就与母亲的体重相差天壤，“51克”又将这一比差拉到了令人匪夷所思的程度，它的体重仅有双胞胎哥哥“珍大”的三分之一。“匪夷所思的体重”“超级小不点”“令人惊异的小生命”“可怜的小宝宝”，这些词汇似乎都不能表达人们对“51克”的无比怜惜。张志和博士在《熊猫的秘密》一书中描写过大熊猫宝宝出生时的一般状况：

> 熊猫宝宝的弱小，还不仅仅体现在其体形太小，新生熊猫身上许多器官都发育不全，刚出生时，它们的眼睛完全没有眼睛的模样，只是一个微微凸起的黑点，完全没有视力，所谓的耳朵也没有耳郭，完全没有听觉，免疫器官的发育也十分不完善，胸腺也要到出生后才继续发育，可以想象要把这样一个弱不禁风的脆弱生命抚养成人是何其艰难。[①]

真是“生命中不能承受之轻”，所有的大熊猫幼仔都无一例外，而“51克”更是超级例外。它实在太轻了，出生时，它是很快从妈妈子宫中悄然滑落的，分娩的时间也比其他小宝宝快了许多，饲养员们起初都没有察觉到这个早产儿。当滑落到冰冷的地面后，它的体温迅速下降到34℃以下，这是一个危险的信号，好在“51克”降生之时，成都大熊猫繁育研究基地的工作人员已经有了较为丰富的接生经验，育婴箱的设置也很成熟了，“51克”被快速抱到箱中，小家伙经过三个小时的生死考验，体温终于回到了正常水平。

但这样一只极度虚弱的小宝宝该如何养育，又是一个考验人类的难题。“51克”的妈妈奇珍原本是个比较能干的母亲，它生育的6胎10仔全部存活了下来，这当中也包括“51克”，但那时候是不能指望妈妈亲自喂养它的，得靠人工辅助，它才能吃到对生命存活至关重要的妈妈的初乳。

① 张志和：《熊猫的秘密》，中国旅游出版社，2009，第36页。

基地的奶爸奶妈们这一次又得冒着风险去挤奶了。许多产后的大熊猫妈妈是不许人们挨近它的，护仔本能使之对其他动物包括人类异常警觉。成都大熊猫繁育研究基地的工作人员以前就经历过，胡锦矗教授与夏勒博士也曾在野外领教过，看似温驯的大熊猫会忽然变成一头威猛的雄狮，对接近的人发起凶猛的攻击。所幸圈养长大的奇珍似乎与人已经建立了异乎寻常的亲密关系，饲养员成功地在它身上挤出了初乳，“51克”终于吃到了妈妈的奶汁，然而它却吃得如此艰难和漫长，吮吸一毫升的母乳，它竟然花了一个多小时的时间，也可以想象基地科研人员对“51克”的哺育是何等如履薄

▲ 大熊猫“51克”　成都大熊猫繁育研究基地供图

冰。这只世界繁育史上最难养育的小可怜后来居然一点一点地慢慢长大了，这是斧头山创造的又一个繁育奇迹。

体质各异、性格各异的大熊猫考验着人类的耐心，“51克”是全世界大熊猫圈养史上“前无古人”的经典育幼案例，如果将之放到野外高山，这小宝宝毫无疑问会最终命归黄泉。从生物优胜劣汰的角度评判，“51克”并不是一只自然状态下存活的“真正的熊猫”，它那细若游丝的生命是人为延续的，人类才是它的缔造者，它的真正的“母亲”是人类。它原本是毫无希望的弱者，是人类“违背了上帝的旨意”让它存活了下来，这是大熊猫保护的悖论吗？是复壮大熊猫野生种群过程中的必然阶段吗？

# 陪伴你们长大

## 野兽和宠物

显而易见，面对如此稀缺的大熊猫“资源”，人们是多么不愿意看到“51克”那样的孱弱大熊猫，而更愿意看到有着强悍生命力的宝贝们，它们的存在会让人类少操许多心力。“师师”即是这样的大熊猫，它出生于1998年9月10日，父亲叫“哈兰”，母亲叫“成成”。师师有一个让人欣羡的成长过程，母亲成成奶汁充足，呵护有道，一生共产6胎9仔，存活7只。在那么多孩子当中，师师与妈妈相处的日子最长，一共有十一个月，这是比较难得出现的现象。前文介绍过，圈养大熊猫的幼仔很早就会断奶，它们与妈妈在一起的时间很短，这显然是人工干预大熊猫繁殖曾经的一个短板。

师师是幸运的，它与母亲相处的这十一个月非常难得，与野生熊猫的母子相处时间大致接近了，这期间的言传身教即显得意义非凡。或许正是因为这个缘故，有了妈妈教会的本领，有了父母双方遗传的优秀基因，师师逐渐长成了标致健康的小伙子，它的聪明也很快显现出来，而它的强壮更让人啧啧称赞。四岁半的时候，小家伙就雄性十足，俨然一位熊猫界的“猛男”，小小年纪，旺盛的荷尔蒙就催促着它寻找伴侣了，并很快就拥有了自己的爱妻。这样的禀赋让它迥异于大多数圈养大熊猫，它的婚恋不需要人类的帮助，一切都在自然状态下完成，这在成都大熊猫繁育研究基地的大熊猫中是非常罕见的。按照专家的表述，师师是生物学家们“观察到的能够进行自然交配年纪最小的雄性大熊猫”。

充满青春活力的师师，无疑是仍然保持着原始野性的圈养大熊猫的代表。事实上，看似慵懒的大熊猫，尤其是衣食无忧的圈养大熊猫，带给人们许多的误解，以为它们与雄强、矫健相去甚远，至多不过活泼而已。这个错误的观点早被生物学家所否定，野生的成体大熊猫一般是不畏惧其他猛兽的。潘文石教授就在野外观察到一只大熊猫与一头熊猝然遭遇时威风凛凛的雄姿。

来到成都大熊猫繁育研究基地的参观者，无一不观察到人类给宝贝们安置了许多玩耍的器具，诸如双杠、秋千、木架等，这是要让大熊猫保持玩耍嬉戏的特征，以锻炼它们的肌体与野性，那些与师师一样有着优良遗传基因的佼佼者，在这个相比于野外显得狭小的模拟故乡，也总能以此释放它们的野性。

不过在圈养大熊猫中，如师师一样的天赋异禀者毕竟不多，成都大熊猫繁育研究基地2007年6月30日出生的“香冰”也是其中难得的一员，这个调皮捣蛋的小家伙充满着旺盛的精力和探索未知的欲望：

> 当它四个月大时，它非常好奇并精力充沛，不时地在兽舍内乱跑。实际上，兽舍已经不能满足它的好奇心了，香冰似乎决定要爬越栏杆去瞧瞧外面的世界。
>
> 香冰的母亲冰冰把它用嘴衔起来，试图约束它的行为，香冰摆动着身躯试着挣脱母亲的束缚，但过一会儿，它便不动

了，任由冰冰衔着它四处走动。冰冰认为已向女儿表明谁是这里的老大之后，将它放了下来。然而冰冰刚一走开，香冰便一翻身站起来，径直冲向围栏，头都伸出去了。冰冰立刻回来，并将香冰拖回安全的地方。然后，香冰看起来似乎消停下来了，但一旦冰冰离开，它又立刻冲到兽舍围栏边上。这样重复了好几次，把饲养员逗乐了。他们从没有见过大熊猫幼仔竟然对探险如此执着。①

如果机智、勇敢的香冰出生并生活在雪域高山之上，一定会是一只非常优秀的大熊猫，但无奈的现实提醒人们，它仍然是一只圈养大熊猫，人们在它身上获得喜悦与安慰的同时，不由得思索圈养大熊猫在与人类的亲密接触中，是否会慢慢流失它们固有的野性基因，它们会不会异化，而仅仅成为人类的“宠物”？这样的思索是生物学家、生态学家的重大课题。人类太热爱和需要这个小家伙了，忍不住要去“打扰”它，而这个地球珍宝原本是不应该被我们打扰的，但是我们的打扰却又正是为了拯救！这“大熊猫的悖论”无疑是对人类、对成都大熊猫繁育研究基地的巨大挑战。

与香冰一样性格执拗的大熊猫还有“蜀庆”，它简直像一位被宠坏的“千金”，有时候居然敢要挟饲养员。它的方式是，你如果不给我想要的食物，我就拒绝带孩子。这可抓住了人类的“七寸”，眼看它将亲生幼仔抛弃在冰冷的地上不问不管，还放肆地冲到围栏边，抓

① 张志和、［美］塞娜·贝可索：《大熊猫：生·存》，魏玲译，重庆大学出版社，2014，第105页。

住栏杆不停地发出“咩咩”的叫声，饲养员真是别无办法，无奈之下只好将食物乖乖地送到它口中。

在野外，大熊猫是孤寂的隐士，一年当中，它们也就在春暖花开求偶时相聚一起，而圈养的小宝宝们却经常一起玩耍，且对饲养员的依赖非常强，还特别高兴地与奶爸奶妈打闹，表演翻筋斗表现自己，还要赖皮，经常抱住饲养员的腿死死不放。在与人类日日夜夜的交流互动中，圈养大熊猫似乎越来越像家中的宠物了，遥远的雪山故居已经渐行渐远。如果彻底失去了“乡愁”，事情会不会走向反面呢?

“晶晶”是成都大熊猫繁育研究基地众多熊猫明星中的一员，它的成长故事可让人们窥见濒危动物是如何被人类千般呵护、万般珍惜的，真是“含在嘴里怕化了，捧在手心怕掉了”。晶晶的母亲是“娅娅”，父亲叫“科比”，晶晶出生的时候，正值北京奥运会选定了以大熊猫为原型的吉祥物“晶晶”，所以便给它取了与吉祥物一样的名字①，晶晶也是当年成都大熊猫繁育研究基地的“宝中之宝”。

那一年，成都大熊猫繁育研究基地只有晶晶一只大熊猫出生，这只“独苗苗”牵动着基地以及许多熊猫迷的神经，生怕它有什么三长两短。晶晶也是争气，两岁多的时候，它的美丽容颜已经征服了不知多少人的心。福勒尔·斯达和罗瑞尔·曼克是晶晶的超级粉丝，两人合作编著了一本关于晶晶的儿童读本《我是晶晶》，天真烂漫的晶晶和充满稚气的文字叙述，让人们了解到一只圈养大熊猫幼仔是如何在人类的监测下一点点长大的：

---

① 熊猫晶晶和成都大熊猫繁育研究基地熊猫与体育盛会结缘的故事见下一章。

伴随着一阵极具穿透力的尖利高叫声，晶晶穿越母亲的子宫来到了地球家园。刚出生时，它像极了一只小耗子，不过却是一枚粉嘟嘟的小耗子，如果这个比喻还不能形容它的小，那也就像一支铅笔那么长吧。刚一落地，紧闭着眼睛的它就被工作人员带去称体重、量体温，然后很快就被送到母亲身边。晶晶是幸运的，它不是被妈妈遗弃的小可怜，她的妈妈娅娅是位善于哺育幼仔的慈祥母亲，每天照例要给它喂奶6到14次，每一次，晶晶大概有30秒钟的吃奶时间。一般人有所不知，熊猫母亲可是有四个奶头呢，这足够幼仔吮吸了，所以看起来，晶晶还挺享受的。与许多动物幼仔一样，熊猫幼仔不会处理自己初到人世的便便，当然晶晶也不会，全凭妈妈娅娅用嘴将之吮吸干净。

▲ 大熊猫晶晶　成都大熊猫繁育研究基地供图

当晶晶大约六天大的时候，奇迹开始出现，它的黑眼圈——大熊猫的标志色——开始隐约可见。八至九天时，前边的双足也开始出现同样的颜色，再过一到两天，后足也成了黑色。一个月之后，晶晶的颈圈、眼圈、耳朵、胸背以及双足上的黑色就与爸爸妈妈大致相同了。但晶晶仍然看不见这个世界，它还没有睁开双眼，要等到五十天后，它才能看见光明。并且一个月大的它还不能行走，再过三十至四十天，它才能摇摇晃晃地迈出生命中的第一步。

晶晶的奶爸奶妈目睹了晶晶成长的每一个细节，晶晶成为他们的骄傲。一般的大熊猫幼仔需要五个月才能自由行走，而晶晶在四个月时就能自由行走了，它不但能走路，居然还可以爬上很高很高的树枝，它是基地圈养大熊猫里最早学会爬树的大熊猫幼仔。《我是晶晶》一书披露了晶晶的许多生活影像：它出生时的模样，妈妈哺育它时的情形，它称重时的萌态，它的睡姿、怪相，吃食的神情，“耍杂技”的英姿，以及它与自己的熊猫妈妈和人类奶爸奶妈共处的点点滴滴……

晶晶的谱系也是十分重要的。基地的奶爸奶妈不但需要养好每一只大熊猫，还要明了它们的身世和血缘关系，这是为了避免近亲交配、丰富遗传多样性、促使种群优质繁衍。谱系会让人类知道：晶晶的爸爸妈妈是谁？爷爷奶奶是谁？它的祖先是哪个山系的？还有它的姐姐妹妹、哥哥弟弟，它们又是谁？出生于何时？是否健在？因何而逝？晶晶并不是个案，所有的大熊猫都会被工作人员悉心关照、监察并详细记录，所有的细节都会被分析、判断，再进行综合，以便归纳出繁殖、饲养方案。

## 陪伴你们成长

在发现大熊猫之前，人类是否与之有过亲密接触？司马相如描述的“上林苑”豢养的皇家珍兽“貘”是否真是大熊猫？历史典籍只留下了若隐若现的描述，古代大熊猫的身影始终疑云重重。随薄太后殉葬的熊猫头骨倒可以证明人与熊猫曾经有过互动，可这个孤证并不能充分说明古人曾与活体大熊猫近距离柔情缱绻过。可以肯定的是，大熊猫栖息地的山民世世代代都遭遇过“竹熊”“白熊”和“花熊”，且猎杀过，也有可能短暂豢养过，但即便如此，也并不是现代生物学意义上人类所遭遇的“大熊猫”。

第一个接触大熊猫的动物学家是戴维，这位慈悲的传教士是多么想要一只活的珍宝，但天不遂人愿，他接触到的活体很快死去。戴维之后，有幸第一个拥抱过熊猫的西方人是德国人韦戈尔德，1916年，他在汶川猎获过一只活体幼仔，也仍然很快夭折。

最幸运的是美国人露丝以及芝加哥动物园。露丝不但是第一个将活体熊猫带到中国境外的人，也成为第一个有记录的长时间喂养过熊猫宝宝的人，今天看来，这完全是不可思议的事情，因为她毫无动物学基础训练。或许，露丝得益于她有着艺术家的灵感。当年，在她日夜梦想着大熊猫的某一个夜晚，躺在床上的露丝忽然翻身而起，她想到：要是将来捕获的不是成体而是幼体，该如何应对呢？于是拿出纸张写下了一行文字：护理用的瓶子、奶嘴还有奶粉。当她梦想成真时，这些物件便成为大熊猫首次接触到的人类友善之物，而那些奶粉居然真让大熊猫宝宝存活下来，简直可称为奇迹，要知道，幼仔大熊猫是离不开妈妈的初乳的。一位叫南斯的女医生曾给露丝的宝宝苏琳诊断过，她在无意间成为第一个给大熊猫看病的医生——虽然她并不是兽医。当时她诊断幼仔患了腹绞病，滴了几滴薄荷汁让宝宝服用，还做了温水灌肠处理，没想到还就药到病除了，她还替露丝的大熊猫幼仔安排了食物配方：奶粉、玉米露和鳕鱼甘油。这应该是人类喂养大熊猫的第一份食物清单。靠着这些食物和露丝的千般呵护，幼仔顺利去到了美国，之后出售给了芝加哥动物园，这个动物园由此成为全世界第一家人类饲养、展示大熊猫的动物园。

今非昔比，当我们将时光切换到成都大熊猫繁育研究基地，这里已经有了丰富的人工养育经验。如果说露丝是靠直觉、靠有限的知识养育了大熊猫宝宝，成都大熊猫繁育研究基地便是靠着生物学和相关学科的支撑，以及奶爸奶妈们长年积累的养育经验，让这些大熊猫宝宝在斧头山成长得如此憨萌乖巧、健康活泼。

且看基地科学精致的大熊猫食物营养配方：

母乳：呈淡淡的绿色，好似人类食用的菜汁；幼仔出生七天后，母乳的颜色开始变化，呈乳白色。这是半岁以前大熊猫的生命之乳，没有它，生命将无法延续。

配方乳：这是经过反复研制的人工合成奶，以补足母乳的不足，两岁以前的大熊猫大多需要喂食此乳。

窝窝头：这可不是一般的窝窝头，它是用玉米、黄豆、大米、小麦、燕麦还有碳酸钙和磷酸氢钙糅合而成，是大熊猫的“精饲料”，模样很像月饼。蒸熟的窝窝头香气四溢，这是对大熊猫主食竹子的有效补充。如果宝宝们需要“出差”到国外，成都大熊猫繁育研究基地就以高质量的商用饼干代替，效果不错。

苹果：圈养大熊猫还喜食苹果，饲养员经常用竹竿挑上苹果逗引熊猫站立，用以加强它们的后肢肌肉的锻炼，以利于保持它们本该有的野性。

蜂蜜：许多动物包括我们人类都嗜好蜂蜜，大熊猫们也都好这一口，它们敏锐的嗅觉总能让它们闻香而至，每每露出一副馋相，但是蜂蜜可不能多食，只能在特别的日子，比如宝宝们过生日的时候，才能享受“寿星”待遇，美美地饕餮一顿。

全世界的人都知道，竹子才是大熊猫的主食，占到了它食物种类的99%以上。这个在进化中退缩到竹林的“溃败者”何其聪明，它是以退为进，不与猛兽争锋而占了生存的先机。此话怎讲？大约两百万年前，大熊猫在由食肉转为食素的过程中选择了竹类，竹子到处都有，随处可觅，它们完全解决了自己的温饱问题，衣食无虞，这是它们漫长历史中的真实写照，如果没有人类的扩张，它们一定会一直照此生活下去的。不过也正因为竹类繁多，食物丰盛，大熊猫对竹子的选择便挑剔得过分。它们拒食枯萎的竹、生虫的竹，专食新鲜、高营养、细嫩的竹。在野外，它们有8属51种竹类可供选择，但是在圈养地，优质的竹类并不多，这些宝贝也只能委曲求全了。好在成都大熊猫繁育研究基地有得天独厚的地理优势，离多个大熊猫栖息地都不算远，尚能长年给它们提供八种以上的优质竹种。

在熊猫进化史上，圈养大熊猫们成为空前的独特种群，陪伴它们长大的，不再是高山流水和雪域猛禽，而是慈爱的奶妈奶爸，这些称职的“父母”已经和当年笨拙生涩的“露丝们”不可同日而语了，虽然他们仍然如履薄冰地看护着宝贝，比看护自己亲生儿女还更操心。大熊猫繁育研究是一项系统工程，饲养员是其中与珍宝最为亲密无间的一群人。从成都大熊猫繁育研究基地建立到现在，饲养员的身影总是和大熊猫一起闪现在各类媒体报道中，他们是：黄祥明、兰其媛、左红、胥桂蓉、侯桂芳、陈敏、杨奎兴、李佳、小汤、邓陶、周永珍……春花秋月，四季轮回，他们总是踩着季候的节拍，关注着大熊猫的一举一动，若有宝宝不断地靠近大树、墙壁摩擦着私阴处，那多半是情窦初开啦，如果它们还发出“咩”的叫声，更是十有八九了。饲养员需要日夜不间断地观察，若是半夜里宝宝撒了尿，要立马用针管收集起来，第一时间送到实验室化验，以确定激素水平是否达到了最佳值。圈养繁殖中，让这些“情哥情妹”自然交配当然是最佳的结果，一旦确定了浓情蜜意已经不可遏止，便要安排“夫妻二人”入住洞房，还需要引领亚成体熊猫来上一堂“生理教育课”，这是对野外熊猫发情季的模仿，有时候还需要实况录像，以备将来给它们再上一堂“声像性教育课”。

令人类焦心的是，即便千方百计引诱它们谈情说爱，大部分发情熊猫都不能自然交配成功，有些熊猫甚至还会出现莫名其妙的假孕，那些假孕的熊猫总能换取坐月子的特殊待遇，每每令人啼笑皆非，空欢喜一场。而有些急不可耐的熊猫“新娘”有时候也会捉弄人，它们偏要选择深夜发情，但是爱的高潮却又迟迟不至，直到东方发白，已经将奶爸奶妈折磨得精疲力竭时，圆房的时刻才终于隆重盛大地来到。

一般情况下，大熊猫会在夏季和秋季产仔，这意味着饲养员在半年时间里，每天都要进行全天候最高级别的陪护，他们不得不坐在大熊猫妈妈的圈舍外，睁大眼睛，随时观察着大熊猫幼仔，再摊开工作本，事无巨细记录下它们的种种情况。如果是双胞胎幼仔，还必须轮换母亲怀中的宝宝，取出其中一只放入育婴箱，再将另一只抱出来放在妈妈的怀中。前面已经讲过，这个看似简单的动作是充满危险的，若被大熊猫妈妈发现，有可能惹怒它，发生不测，好在成都大熊猫繁育研究基地的饲养员对此已经拿捏得非常熟练了，他们每每用牛奶盆挡住大熊猫妈妈的视线，再迅速完成交换。

冰雪世界锻炼出来的大熊猫是不惧严寒的，它们只是怕热，每年夏季，当室内气温超过25℃，室外气温超过26℃时，基地会给宝宝们做降温处理。由于熊猫不怕冷，入冬的圈舍在夜晚总是冷风飕飕，饲养员必须穿上厚厚的衣服才能御寒，并完成四个小时的值守工作。奶妈奶爸们都有共同的体会，这比喂养自己的孩子还要辛苦不知多少倍。

无论有多辛苦，奶爸奶妈却明白，他们从事的不是一份简单的糊口工作，他们与大熊猫的交互是在代表人类与大自然对话，是对这个地球濒危物种的拯救，他们与生物学家、环境学家、博物学家共同缔造了保护大自然的中坚屏障，他们是拯救大熊猫的参与者、目击者和见证人。严苛烦琐的工作让他们的生活重心向着大熊猫偏移。一位奶妈从小喜养宠物，当了熊猫奶妈后只好放弃了爱好，这是工作纪律，也是“自律”，不过大熊猫完全变成了她的“新宠”，当年她到日本护理大熊猫三个月，回国时竟依依不舍，悲伤地大哭了一场。奶爸奶妈很少回家照顾自己的孩子，很内疚。他们伴着悲伤与喜悦，替人类向大熊猫赎罪。他们熟悉大熊猫的千般仪态、万般芳容，熟悉它们所有的喜怒哀乐。有人曾怀疑地问，大熊猫不是都长得一模一样的吗，这里的养育员是如何区分的啊？此话太外行了，奶爸奶妈们甚至比熟悉自己的掌纹还要熟悉大熊猫生活的所有细节。

在成都大熊猫繁育研究基地，有两个大熊猫产房：一个太阳产房，一个月亮产房。太阳和月亮是人类古老的图腾，如今，这成了大熊猫生命繁殖的最好隐喻。太阳产房的负责人叫陈敏，是一位泼辣的川妹子。月亮产房的负责人叫邓陶，是一位帅气的奶爸。两人对自己的"孩子"无不如数家珍：你看"娅星"和"娅双"嘛，它俩都是病兮兮的"林妹妹"，生下来就消化不良，两岁时试着用沉香化气丸调理，这才慢慢地复壮了身体。然而长期的"药罐罐"生涯让它们厌倦了药味道，一闻到药味便皱起眉头，老大不情愿。还有"奇福"，是个可怜的宝宝，大熊猫妈妈分娩它时，它的头被夹伤了，从此落下了反应迟钝的病根，好多人都用四川方言叫它"方脑壳"，所以训练它成了伤脑筋的事情，考验着饲养员的智慧和耐心。

俗话说，"龙生九子，九子不同"，有的熊猫特别顽皮，有的又非常温柔敦厚。熊猫"哈兰"就是一位谦谦君子，一个"烂耳朵"，它总是对发脾气的美女"打不还手，骂不还口"。而"仨儿"又是个机灵鬼，它本是比较罕见的三胞胎中的一员，其余两只都夭折了，它能活下来真是不简单。仨儿长得丑，是个地包天，但却灵敏好动，最爱蹿到高高的树上显摆它的能力。它还有一招，就是一动不动地坐着，但这可不是它喜欢安静，那是饲养员不能满足它的要求时，它坐在门口耍赖皮！这些小家伙也和人类的小孩一样天赋各异，因此对它

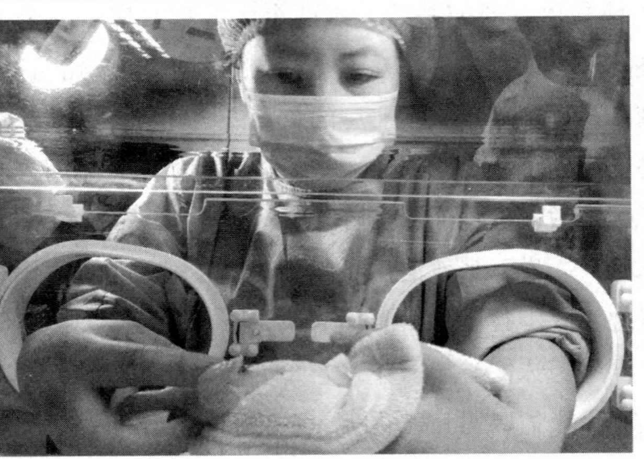

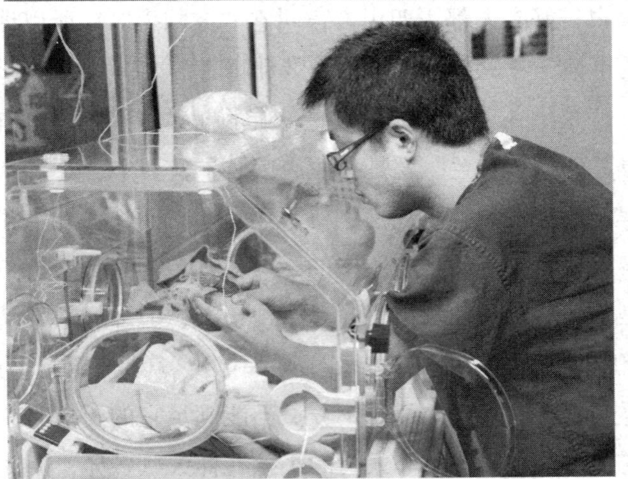

▲上／2018年10月25日，导游带领游客进入太阳产房　雷文景摄

中／太阳产房的负责人陈敏正在看护大熊猫幼仔　成都大熊猫繁育研究基地供图

下／月亮产房的负责人邓陶正在检查熊猫幼仔的身体状况　成都大熊猫繁育研究基地供图

们的培育与训练也着实需要因材施教。这之中就自然有“高才生”与“劣等生”之分了，有些记忆力好的熊猫很好训练，而有的却半天不能开窍。

大约十年前，大熊猫宝贝们只要瞧见兽医来了就会避之不及，因为它们领教过很多次抽血、打针。虽说大熊猫进化出了厚厚的防寒毛皮，长长的针刺进肉体仍然是有点痛的，没办法，人们只能先将其麻醉，然后进行采血抽样。后来这个难题被克服了，这还是多亏奶妈奶爸的细致驯养。就像杂技团驯服动物一般，饲养员口中衔一枚口哨，地上放了盛有鲜果的盘子，手中操一根目标棒，然后递棒、碰棒、赏果、哨响，反复演练，日积月累，宝宝们就先后变成了乖娃娃。现在，抽血体检，打针吃药，大部分大熊猫都配合默契，看见兽医也不再躲了，嘴馋的大熊猫又被人类成功地骗了一次。

“他山之石，可以攻玉”，成都大熊猫繁育研究基地的许多绝活并非一朝一夕练就，也非闭门造车所为，他们与其他动物圈养机构交流不断，驯养动物的手段即来自香港海洋公园。为了这个“地球活化石”，全世界的奶爸奶妈都是乐意互助的。2013年，美国亚特兰大动物园的“伦伦”即将分娩，太阳产房的奶爸邓陶奉命前往协助，二十个小时的云中颠簸，没有消耗掉他对新生幼仔的关爱，甫下飞机，邓陶即直奔大熊猫产房。美国人欢喜地告诉他，伦伦已经生了，而且是一对双胞胎！

然而美国朋友的喜悦很快被忧愁浇灭了，珍贵的新生命倒是生下来了，但他们却眼睁睁看着伦伦对膝下两个可怜的、对着它要奶吃的小家伙不管不顾。邓陶也愁，他生怕伦伦会如野外大熊猫一样弃养一只，可他又很难接近大熊猫妈妈。若在成都，这倒不是难事，因为成都大熊猫繁育研究基地的产房有三面栏杆，很容易接近大熊猫，偏偏没有经验的美国人却将这房子设计成了只有一面栏杆，另三面全是实心墙。邓陶有十多年的养育经验，依照成都土话来说，这次是“老鬼遇到了新问题”。他急忙求救成都，他的上司王成东在电话上也不断给他出主意，最后他硬着头皮，选好时机，将一根缠上柔软布料的竹竿小心翼翼地伸进产房，再一点点将一只幼仔轻轻地扒拉了出来，然后是量体温、称体重，再用食物引诱伦伦，分散它的注意力。又如法炮制，对两只幼仔都进行了体检。就在美国人高兴地伸出大拇指给邓陶点赞不久，新的难题又出现了：伦伦产后虚弱，奶水不足，这又如何应对呢？正苦思冥想之时，邓陶见识了美国人的高超技术，他们从大熊猫妈妈的血清中提取了抗体，制成了高级的“血清奶”，幼仔吃了，效果上佳。拯救熊猫无国界，想当年，正是美国生物学家久格尔帮助成都大熊猫繁育研究基地推进了人工授精技术，而在邓陶赴美的几年前，基地的遗传学专家侯蓉也曾帮助过亚特兰大动物园解决过大熊猫受精难题，当时美国媒体还称赞她是一位来自中国成都的“送子娘娘”。如何陪伴大熊猫长大，成为保护大自然，也是保护人类自己的重要命题，人们在观察、研究大熊猫的同时也是在反观自身、审视自身，曾经的毁灭者现在变成了拯救者。

## 旅居与归来

追根溯源，大熊猫的“成都种群”准确的档案履历应该是“籍贯成都，祖籍高山”，它们在本质上仍然是一群“寄居者”或“流寓者”。它们当中，只有个别的幸运者经过人类的训练后正在尝试回到高山上的故乡，不过，那却是一条凶险的回归之路，生物学家们普遍认为，绝大多数圈养大熊猫还不具备放归野外的生存能力。因此，更多的大熊猫还只能在成都大熊猫繁育研究基地安居乐业，或者去国内其他地方，甚至去离故乡更加遥远的欧洲、美洲、亚洲其他国家——中外合作繁育大熊猫的世界各地。

去稍近一点地方的是“开开”和“心心”。2015年4月30日，这对情侣开开心心去了澳门。一年之后，它俩在澳门石排湾郊野公园生下了一对双胞胎，取名“健健”和“康康”。

另一对情侣“大毛”和“二顺”则在北美洲加拿大多伦多动物园安居乐业。2015年的秋天，在枫叶的见证下，二顺也生下了双胞胎，热情的加拿大人将之取名为“加盼盼”和“加悦悦”。

在法国保瓦尔野生动物园，“圆子”和“欢欢”已经在此生活了七年，它俩也是一对夫妻。自从开始中外合作繁殖饲养大熊猫，成都大熊猫繁育研究基地总是精心挑选夫妻大熊猫和情侣大熊猫越洋过海，期盼着它们在异国他乡也能生育幼仔。圆子和欢欢没有辜负人们的期望，2017年8月4日喜添贵子，这是第一例在法国怀孕产仔并育幼成活的大熊猫。

生活在美国亚特兰大动物园的“洋洋”和“伦伦”是1999年去美国的，如今已经养育了5胎7仔。老大“美兰”出生于2006年9月，它的诞生让美国人喜不自禁，亚特兰大的小朋友欢呼雀跃，中美繁育研究人员也无比欣慰。要知道，当年这对夫妻已经旅美长达七年，却毫无见喜的苗头，美国人不由得忧心忡忡。基地派遣遗传学专家侯蓉前往协作研究，她采用了基地研发的授精技术，终于让新生儿降临在美利坚——这个百年以来对熊猫持续保持热情的国度。美兰的出生鼓舞了这对恩爱夫妻，准确地说，是鼓舞了中美双方的繁殖专家对人工育幼的信心。2008年、2010年、2013年、2016年，在八年之中，洋洋和伦伦又相继产仔。真是花好月圆，惊喜不断，这个家族的每一个成员都成了大洋彼岸的动物明星。

然而，让美国的熊猫粉丝们惆怅的是，按照合同，新生儿在性成熟或四岁以前要回归故乡，因此这些刚刚长大的小家伙都先后回到了成都大熊猫繁育研究基地。2016年，当取名“美轮”和“美奂”的两只宝贝回归中国时，美国报刊以《再见了，宝宝》《再见了“美轮”“美奂”》为标题表达难舍之情。不过，出生于2016年的“雅伦”和“喜伦”现在仍暂时生活在亚特兰大，这稍稍抚平了一点美国粉丝的心中愁绪。

起始于最近二十年的中外合作研究是大熊猫繁育史上的巨大进步，它昭示着在全球一体化的今天，尤其是在生态破坏日益严峻的状况下，科学无国界业已成为人类的共识，成都大熊猫繁育研究基地成熟高超的人工授精成果正是中美科学家联合探究而出的。合作研究还有另一个重要意义，它既满足了双方动物园的商业利益，又保证了育龄大熊猫的生育可能，这是中国，也是世界所有濒危动物保护机构都希望看到的结果。它既让世界的熊猫迷们可以在本国一睹熊猫芳容，又不会影响中国圈养大熊猫种群的繁育，还能将国外支付的展租资金用于大熊猫研究，一举多得，可是过去的状况却不是这样的。

在巨大的经济利益和超级疯狂的大熊猫热中，截至1988年初，至少有30家美国动物园都将租展大熊猫列入自己的计划之中。按照《濒危野生动植物国际贸易公约》，大熊猫是严禁用于单纯商业展租的，但一些动物园却使出浑身解数，不达目的誓不罢休。用中国人的话语习惯表述，这些动物商人很会“钻政策的空子”，他们神通广大，各处公关，更利用公众对大熊猫的巨大热忱，甚至还得到了当时美国总统的默许与支持，在与动物保护机构的较量中最终取得了胜利。

美国的夏勒博士曾对此耿耿于怀，他在《最后的熊猫》一书中怀着愤懑写道：“1988年，托雷多市因租得大熊猫，市内观光客大量拥入，一共捞到6000万美元的利润（中国只拿到几十万美元的租金，相形之下实在很划不来）。”

在夏勒看来，“大部分租展大熊猫的行为都充满了政治权术与贪婪以及漠视大熊猫福利的可耻心态”。这位长年在野外与野生动物缱绻的博物学家，对保护中国大熊猫、中国藏羚羊有着开创之功的学者还进一步写道：“大熊猫历经演化而生存在今天的世界，并不是为了取悦人类。”[①]真是一语中的，且意味深长，他在提醒高高在上的人类：不要因为爱而伤害所爱。

今非昔比，全世界，尤其是中国的大熊猫保护举措已经有了长足进步，成都大熊猫繁育研究基地的合作繁殖研究也取得了卓有成效的经验，这些从高山到平原，再从平原到异国他乡的熊猫也成为“成都种群”的重要部分，它们的越洋之旅享有着许多人类也不能拥有的舒

---

① ［美］乔治·夏勒：《最后的熊猫》，张定绮译，上海译文出版社，2015，第300、301页。

适与殊荣。但是，突然的、巨大的空间转换也注定让一些大熊猫猝不及防，难以适应。民国时期以及早期去到异国的大熊猫们自不必说，它们大多因不适应环境和饲养员缺乏养育经验而早夭，即使现在，圈养技术已经非常成熟了，这些旅居异乡的大熊猫也怀着别样的“乡愁”，产生了不小的“文化差异”。

四川卧龙大熊猫保护中心的“石石”和“白玉”1996年秋天去美国的时候，对陌生的环境和满耳的“英格利西”茫然无措，适应了好长时间方才自在。无独有偶的是，“美轮”和“美奂”刚回成都时，也有同样的反应。基地的饲养员发现，两个在美国出生、长大的宝宝俨然一副美国范儿，它们完全听不懂汉语了，更不消说饲养员那一口浓浓的四川方言，可是一旦用英语呼唤，它们便会慢悠悠照着人类的指令行动。在美国，两个小家伙的零食是饼干，那是它们的最爱，而成都大熊猫繁育研究基地是以窝窝头为副食的，它们完全吃不惯，饲养员费了不少的心思、花了不少的时间让它们适应成都的原籍生活，但窝窝头仍然难以完全满足它们的美国胃口。

中国是大熊猫的故乡，但最早圈养大熊猫的国家却是美国与英国。在中国本土，最早圈养大熊猫的是民国期间的上海与重庆北碚的中国西部科学院（博物馆），成都华西坝在民国时也曾先后圈养过大熊猫，但那是为运送大熊猫去欧美的过渡性饲养。检视历史，全世界真正意义上的“迁地保护”式圈养起始于20世纪80年代初期的中国，英、美两国虽然在圈养繁殖方面的研究早于中国，但却并不像他们饲养繁殖另一种中国濒危动物麋鹿一样取得了成就。一个饶有意味的现象出现了，在中国境外圈养繁殖大熊猫最有成就的国家居然是日本。日本人饲养大熊猫的历史比美国和英国晚了很多，1972年中日邦交正常化之后，他们才拥有第一对大熊猫。这是一件让欧美动物学家们大跌眼镜的事情。日本何以取得如此成就？这与成都大熊猫繁育研究基地息息相关。

还记得本书前面叙述过的那位笨妈妈梅梅吗？2000年，也就是在它差点将自己的亲生宝贝奇珍拍死的第二年，梅梅成为隔海相望的日本和歌山白浜野生动物园的珍贵客人，与它一起去到那里的还有刚从北京动物园交换到成都大熊猫繁育研究基地的“永明”，连同已经生活在那里的“哈兰”，梅梅在日本拥有了两位夫君。许多人都意想不到，这位在成都老家不会带孩子的妈妈竟然在日本创造了繁育奇迹。就在它客寓日本的当年，便生下了它与哈兰的女儿“良浜”。日本人喜出望外，他们喜爱大熊猫的热度丝毫不亚于美国人和英国人，良浜的诞生迅速引起了轰动。之后，梅梅便一发不可收拾，它和永明演绎了多子多福的繁育神话：“雄浜”“隆浜”“秋浜”“幸浜”“爱浜”“明浜”。梅梅连续为熊猫家族生下了6胎11仔，养活了7仔。它的大女儿良浜后来又养育了9只幼仔，也全部以“浜”字命名。这便是动物保护繁育史上赫赫有名的大熊猫“浜家族”。

“浜家族”瓜瓞绵延，人丁兴旺，日本人自是笑得嘴都合不拢，日本动物园水族协会正儿八经给梅梅颁发了“功劳动物”表彰状，又授予梅梅熊猫家族的“英雄妈妈”称号。一时间，当年的笨妈妈成了全日本的骄傲，当然，它也成为成都大熊猫繁育研究基地的骄傲，没有成都大熊猫繁育研究基地发明的高超的授精技术和养育经验，这一切只能是天方夜谭。当年的梅梅可谓风光八面，它以神奇玄幻的方式创造了熊猫繁殖的诸多第一：它使日本拥有除中国之外最大的大熊猫繁殖圈养种群，是成都大熊猫繁育研究基地海外合作最为成功的繁育成果。2001年12月17日，梅梅生下了第二个孩子雄浜，这是动物学上的一个特别的日子，意味着梅梅一反熊猫春季发情，夏、秋季产仔的规律，而在秋季发情，冬季产仔。此外，这位当年的笨妈妈却表现出异乎寻常的母性，成为世界首例不用人工协助而养活双胞胎隆浜和秋浜的超级母亲，这是熊猫育幼史上——无论是野外育幼还是圈养育幼的奇迹。

2008年10月15日，带着人类给予的荣耀，年仅十四岁的梅梅走完了圈养熊猫的最后岁月，死于被称为大熊猫隐形杀手的肠梗阻疾病。人们哀叹：难道在熊猫族类中也存在着“红颜薄命”？圈养大熊猫的寿命一般是远高于野生大熊猫的，野生大熊猫的寿命平均在二十四岁上下，而圈养大熊猫最高享寿可达三十八岁。对人类而言，原本指望它旺盛的繁殖能力与慈爱周到的养育能力再续添丁佳话呢。梅梅给人们留下了巨大的遗憾。日本的熊猫迷们悲伤莫名，他们在动物园的熊猫馆为梅梅设立了灵堂，连续几天的时间，日本人有如悼念一位人类英雄一般，络绎不绝地前往熊猫馆进献鲜花以示追祭。

梅梅为日本人带去了欢乐，也为成都大熊猫繁育研究基地增添了多只幼仔。按照国际合作惯例，“浜家族”梅梅的儿女、孙儿、孙女也都要按期回国。从2004年起，多只浜家族后代先后回归成都大熊猫繁育研究基地。2007年10月28日清晨，梅梅的第三胎双胞胎儿子隆浜和秋浜即将离开，众多日本人伫立路旁送别他们心中的宝贝。那一天，风雨交加，秋色肃杀，粉丝们的泪水与冰冷的雨水交织在难舍的悲情之中，有十多位粉丝更是情怀难释，他们居然一路追随着宝贝，不远千里越洋来到成都，直到亲眼看见两只熊猫宝宝在基地的新居安顿下来，这才最终放下了心。

## “滚滚”的守护使

大熊猫有不少绰号：萌宝、胖达、小团子……不过都没有带儿化音的“滚滚儿”好听，这大概是幽默的成都人的发明。那些憨态可掬的熊猫，尤其是呆萌的幼体和亚成体熊猫，它们圆乎乎的，每每来回翻动的调皮姿态像极了滚动的皮球，基地的工作人员最喜欢用带儿化音的四川话呼唤它们：“滚滚儿……滚滚儿……”

滚滚们是听话的，从小到大，它们都是在圈养环境中成长，已经与人类有了亲情，不过它们并不懂人类的智慧，也并不知晓人类的苦心，更不知道自己为何如此被人类所钟情。如果是高山上的大熊猫，遗传基因会本能地告诉它，不要去招惹周围的猛禽，更不要去招惹人类，它只需一片并不辽阔的大约两千平方米的领地、一丛丛能够吃饱肚子的青翠竹子、一个能够遮风挡雨的树洞或岩穴，仅此而已，大熊猫的生活简单而超逸。可是现在，一切都变了，成都大熊猫繁育研究基地三十年来接待过如过江之鲫的观光者，也以各种保护、科普活动为契机吸引人们来到这里，以启发人类的生态观。因此每日里，无数游客都怀着好奇或爱意来探望它们、关心它们、“打扰”它们，这要如何是好呢？大熊猫无法作答。人类的答案是：因势利导，将美好的“打扰”进行到底。

“绝无仅有的体验，与成都熊猫零距离”是成都大熊猫繁育研究基地和世界自然基金会（WWF）于2010年策划的“大熊猫守护使”公益活动的宣传语，活动的主题词为“守护熊猫，保护地球”。对无数熊猫粉丝而言，这个活动充满了无限的诱惑。8月16日，活动在上海世博会成都馆正式发布消息，中国中央电视台等众多媒体进行连续滚动直播，国内外共计170余家媒体将消息传播到世界各地。9月5日截止报名时，报名选手共有61615名，地域来自6大洲52个国家。活动将通过几轮比赛，最终筛选6名守护使。惊人的报名人数就不得不让人惊叹，大熊猫真的是名副其实的全世界的“超级宝贝”“无与伦比的动物明星”。

2010年9月13日，12个国家和地区的12位选手晋级十二强。9月29日，6名选手脱颖而出，成为所有滚滚迷艳羡的“大熊猫守护使”。这六位选手分别来自中国（大陆与台湾各一名）、日本、法国、美国和瑞典，他们进行了四周不同科目的训练，学习了熊猫繁育的每一个工作程序，并且每人都分配有自己的目标大熊猫。第一周，当饲养员并学习养育理论知识。第二周，体验如何给宝宝检查身体。第三周，看护只有几周大的“小可怜”宝宝。第四周，去成都大熊猫繁育研究基地都江堰野放繁育研究中心——这是人类煞费苦心规划的、复壮大熊猫野生种族的过渡训练地，进行野外科考调研。

守护使们在熊猫谷经历了一周的训练，凶险的巉岩密林、举步维艰的山路提醒他们，这里是野生动物的故乡、大熊猫的原籍地，人类的居所与大熊猫的居所形同天壤，如同深海中的鱼与高原的狼，本应各自守着节律，安身立命，是历史的诡谲与回旋让守护使来到这里，以保护的名义去唤起人类对大自然的敬畏，对一切有违生物和谐的行为进行责难和纠偏。

守护使们的成长经历、教育背景各不相同，但其血脉中都流淌着一样的人文情怀。来自美国的阿什利是一名环保主义践行者，她对动物的柔情植生于童蒙时代，各种熊猫玩具陪伴着她出落成阳光灿烂的美少女，连家里的宠物——一只黑白色的狗狗也取名为“熊猫”。现在，阿什利在成都大熊猫繁育研究基地学会了给大熊猫做窝窝头、洗竹子、洗澡、修木架，还尝试着学习检测大熊猫尿样、血样以及DNA结构分析。她负责看护的大熊猫叫“琪琪”，是一只一岁大的小家伙，小时候的玩具熊猫现在魔法般变成了真实的生命，小家伙给阿什利以无尽的快乐，离开成都时，她流下了难以割舍的泪水。

一脸络腮胡子的戴维是法国人，与他的老乡——发现熊猫的传教士戴维有着同样的名字。小伙子喜欢音乐，他把对熊猫的爱都写进了他自弹自唱的舒缓深情的歌声中。戴维负责照顾“51克”和“妞仔”两个小家伙，如今，他眼前的“51克”已经赫然长成100公斤的小伙子，这令他叹为观止。“51克”现在特别能吃，吃得快，还很聪明活泼。戴维将竹子插在地上，“51克”却能明白其中玄机，它会一根一根将插好的竹子拔出来铺在地上。“妞仔”是女孩，和“51克”年龄相同，性格文静娴雅，从不和调皮的“51克”争锋。戴维怀疑：两个朝夕相处的美女和帅哥是不是在谈恋爱呀？他知道，熊猫到了这个年龄都会生产领地意识，一般会将它们分开饲养，不过这是正常的，戴维给人们科普说：“如果你发现熊猫独自生活在它们的别墅时，不要担心它们会不会孤独，其实它们喜欢这样。”

“这些‘行走着的活化石’是全球濒危野生动物的标志，它们的生存过程折射出人类在寻求与大自然和谐相处过程中所做出的努力。”这是瑞典守护使阿里的思考。他在与大熊猫“晶晶”相处的十几天中获得了巨大的愉悦，也收获了前所未有的熊猫知识。他常面对晶晶发呆，甚至几个小时静静地观赏着晶晶的一举一动。“陶然自得”“优雅”“神秘的黑白动物”“熊一般的野性”……阿里描述大熊猫的言辞已经开始向动物保护的核心深入。

英俊的比利时人耶鲁是守护使63号参选者，他有一个超级喜欢熊猫的儿子，他对成都大熊猫繁育研究基地所取得的成就赞不绝口。让这些乖宝宝千秋万代地存活下去吧，让它们永远陪伴人类的子孙长大吧，他的念想是朴素的。无论是朴素的愿望还是深刻的反思，只要热爱大熊猫，成都大熊猫繁育研究基地开展的活动都将进一步增进人们对大自然的热爱。

当守护之旅活动结束，123号参选者、来自意大利的叶丽妮在后来的两年时间中，又参加了一系列的环境保护之旅，动物和自然占据了她生活的绝大部分时间。

活动结束后，时任联合国秘书长特别顾问的金元洙在给成都大熊猫繁育研究基地主任张志和的信中写道：

我们很高兴看到成都大熊猫繁育研究基地自1987年建立以来，把科学应用到大熊猫保护领域，并取得了显著成绩。我们也很高兴得知成都“熊猫保护使”活动取得圆满成功。保护大熊猫同样有助于提升全球保护生物多样性和生态系统的意识。秘书长鼓励所有致力于全球自然遗产保护的人继续努力。[1]

这次活动的成功让成都大熊猫繁育研究基地对开展公众教育的途径充满了希望。两年之后，基地又举办了第二次招募活动，规模比之前的更为庞大。大赛分为了四个赛区，分别设在北美、欧洲、亚太和中国，共有116万熊猫迷报名参赛，其中美国的报名选手达到了9.5万人，人数仅次于中国。经过遴选淘汰，最终选出三位守护使：法国的杰罗姆、美国的梅丽莎、中国的陈寅蓉。与上次不同，这次的活动时

▲ 2012年成都全球招募熊猫守护使启动仪式　成都大熊猫繁育研究基地供图

① 参见2010年第12期《大熊猫》第28页。

间长达一年，范围涉及所有拥有大熊猫的国家和地区。选手们将在那里展开更为深入的学习、交流、宣传。那一年（截至2011年底），成都大熊猫繁育研究基地的圈养熊猫已经达到了113只的规模，整个中国的圈养数量是333只，这让生物学家们对熊猫保护的未来有了相当的底气。张志和说道："这意味着，在迁地保护领域'建立一个可自我维护的圈养种群'这一目标即将实现。"

就地保护与迁地保护相结合被认为是最科学的策略，然而科学家们最擅长的还是对生物体本身的探究，而熊猫保护牵涉的范围如此复杂与宽广，它需要人类深刻理解"大地的伦理""生物多样性"对人类命运攸关的意义，需要科学与行政、经济等领域的全方位协调，就如夏勒博士所说，"保护项目永远逃不掉政治与科学的分歧""人类的贪婪与冷漠才是最根本的问题"。[①]基于此类问题，人们才能理解科学家们对兴办国际大熊猫保护使活动的良苦用心，这本不是生物学家的分内之事，但他们承担起了此项重任。张志和的想法与夏勒有相似之处，他在对繁育工作充满底气的同时，又无不担忧地告诉人们，要让大熊猫物种最后免于灭绝，将是一个长期的、艰巨的过程，仅靠一个机构、一个城市的努力远远不够，需要全社会最大程度、最大范围的关注、支持与参与。[②]这也是所有守护使的心声，所有熊猫迷的心声，所有生活在生态环境中的人类的心声。关爱大熊猫，也即关爱大自然，人类应该是大自然的家人，而非主人。

---

① ［美］乔治·夏勒：《最后的熊猫》，张定绮译，上海译文出版社，2015，第6页。

② 参见2012年总第27期《大熊猫》导语。

# 宠爱

# 熊猫外交史略

## 熊猫为什么这样红?

2018年初冬的一天，成都市成华区政府接待了北京繁星艺术剧团的艺术家们，双方欲就熊猫文化开展合作，这天，一行人前往斧头山成都大熊猫繁育研究基地体验熊猫的魅力。一路上，好奇的艺术家们提出了许多疑问：大熊猫的寿命有多长？有多重？每天吃多少竹子？世界上还有多少大熊猫？客人不断提问，主人穷于应付。艺术团的领队樊先生打望着憨态可掬的大熊猫，再回视周遭各色皮肤的参观者，感叹道：为什么许多外国人，尤其是英国人和美国人，都对熊猫怀着异乎寻常的兴趣？大熊猫为什么这样让人喜爱？为什么就这样红？这是一个看似简单却又让人思绪翻飞的提问。

在我们蔚蓝的星球上，让人类喜爱的动物太多了，神秘如东方雪人、白鲸，超萌如海獭、企鹅，濒危珍稀如中华鲟、澳洲毛鼻袋熊……但集神秘、珍稀和憨萌于一身的却唯有大熊猫，这是它演化八百万年所塑造出的非凡特质。不过仅此还不足以让人们神魂颠倒，大熊猫之热已经超越了“动物审美”的一般概念，它由被世人发现、受精英钟爱再到受大众追捧，在时间的脉络上刻画出一条清晰的“熊猫热爱史”。从大熊猫发现第一人戴维神父，到射杀大熊猫第一人的罗斯福兄弟，再到第一个将活体大熊猫带到美国的露丝小姐，之后，作为中国赠送友邦的“国礼”，大熊猫成为“外交大使”，作为濒危动物的象征符号，大熊猫又肩负了拯救人类地球家园的重任。作为东方奇兽，它被全世界不同肤色的人们投射了浓烈的情感。

从发现之日起，大熊猫就以神秘示人，这神秘原本是自然演化赋予它的“保护伞”，使它成为高山峡谷中的隐者，极少与猛兽争锋的、安静的素食主义者，它悄然躲在浓密的竹林中，即便栖息地的农人也难窥其一面，偶尔遭遇人类，这位谦谦君子也总是避让犹恐不及。更让人诧异的是，世世代代靠大山为生的当地农人，极少将熊猫作为捕猎对象。2017年的夏天，笔者在大熊猫发现地宝兴县邓池沟询问一位土生土长的农人，他说，在大饥荒年代，他跟着老一辈人上山打猎充饥，他们从不捕大熊猫，因为大熊猫肉很难吃。在20世纪60年代的一份生物调查报告中，熊猫皮张被视为经济价值很低的品种，比起虎、豹、羊皮差得太多。前些年，某公司推出了一款“猫熊牌”皮衣，那不过是打着大熊猫之名扯人眼球而已。在西方人掀起熊猫热之前，一张熊猫皮张售价仅有10美元左右。大熊猫何其聪明，它乐意被猛兽小看，或许更乐意被人类小看，默默地过着自己安稳的日子，绝不木秀于林。它的谦卑、和善的品性甚至让当地农人产生了幻想，不知道从何年开始，有些地方的农人视它为大山之神，不可亵渎，不敢冒犯，偶尔有人捕捉到，也是内心惶惶，要对它念诵一番“阿弥陀佛”。朴实的深山农人与现代文明相距遥远，对不可知的事物充满了敬畏，他们对待熊猫的态度契合了天人和谐之道，但是现代文明却要固执地翻开大自然的底牌，要将神秘的天地万物作为标本纳入自己的视野调查、分类、解剖、研究。

这张底牌包括了大熊猫标本，它被戴维神父不辞辛劳运送到了万里之外的欧洲。在巴黎自然博物馆，馆长爱德华兹审视着从中国寄回的众多动植物标本，它们当中有许多都是前所未见的，当他开启装运大熊猫标本的箱子，一只似熊非熊、似猫非猫的动物令他大吃一惊。其实在见到熊猫标本之前，戴维在信件中已经向同行们描述过这只生物体的详细特征，并认为这是一只熊科动物，但是爱德华兹甫一瞧见，仍然猝不及防："难以置信，世上真有这样奇妙的动物？"这位见识颇广的博物学家意识到，这是一个伟大的发现。

理性冷静的科学家尚且如此，一般民众就更是惊讶得无以复加，有人认为上帝不可能造出这样一款生物，一定是有人伪造了"东方神兽"以哗众取宠。可是戴维和爱德华兹都是严肃的科学家，他们是不可能造假的。爱德华兹的儿子小爱德华兹后来继任父亲的馆长之职，父子俩对标本研究之后，在法国《自然科学年报》上发表了他们的观点："就其外貌而言，它的确与熊很相似，但其骨骼特征和牙齿系统的区别十分明显，而与小熊猫和浣熊接近，这一定是一种新属。"从此，对于大熊猫究竟属于动物系统分类中的哪一"科"，科学家们的争论持续了近一个半世纪，这给本来就神秘莫测的大熊猫平添更多的玄幻色彩。

对生物学专业之外的人而言，尤其是对喜欢探险的冒险家而言，或者追逐商业利益的动物商而言，谁不想一睹大熊猫芳容？谁不想亲手射杀一只大熊猫？谁不想猎获一只活的大熊猫以攫取大把的钞票？至此，西方国家的大熊猫热被一个严肃的科学考察所引爆，它从梦幻般的发现开始，也以梦幻般的景象长时期投映在滚滚红尘，至今也没有一丝丝消隐的迹象。

如今，动物迷们可以在欧美等国的动物园见到大熊猫，当然如果到中国，来到四川或者成都大熊猫繁育研究基地，可以见到更多的大熊猫。但在20世纪初，除了戴维神父有缘亲见，大熊猫却只是一个传说，其余的西方人“如果有幸在野生环境里见过一头‘活生生’的熊猫，将成为无上的荣耀”。那时候，很多人都在猜测：这种动物是否已经灭绝？或者它根本就没有存在过？《纽约时报》就曾推测：“也许它只是一种‘虚构出来的动物’，就像传说中的独角兽或者中国的龙。”据称，曾经有两位西方人获此殊荣，一位是乔治·佩雷拉将军，另一位是休斯顿·埃德加，他们曾在云雾缭绕的四川高山上对疑似大熊猫的兽类惊鸿一瞥，虽然并不确定那是否就是熊猫，感性十足的埃德加却写下了伴随着激动与惆怅的诗句：“你将等待直至它们的末日来临／是的／然后再去怀念它们”。

美国前总统老罗斯福的两个儿子却不想“等待”，更不相信“末日来临”也见不到熊猫，这与他们的家族文化传承不无关系。他们的父亲是位多面能手，这位美国历史上的第二十六任总统不但是政治家、军事家和历史学家，还是一位著名的探险家，他的冒险精神被儿子所继承，兄弟俩贲张的血脉中燃烧着狩猎者的火焰。1929年，罗斯福兄弟在美国装备了狩猎用的春田步枪，他们曾用它击杀过庞然大物——非洲大象，有如此的威力，用以射杀熊猫根本不是问题。他们还购置了两把410口径的霰弹枪，它的好处是子弹充足。几个月之后，上帝就给了他们机会，在四川冕宁县冶勒乡的高山之上，一只成年大熊猫映入他们的眼眸，两人同时开枪，子弹洞穿了厚厚的熊猫皮。两人在后来撰写的回忆录《跟踪大熊猫的足迹》中，描述了射击之前他们目睹熊猫的惊喜之情：

> 它像是在梦中的动物，因为我们已经没抱任何见到大熊猫的希望了，即便是那么一点点，可现在它出现了，它显得出人意料地大，它白色的脸上有着黑色的眼圈，身上是黑色的护肩及鞍状的白色背脊及腹部。[①]

如果说戴维揭开了大熊猫生物学面纱的一角，让人们无限向往，作为前总统的儿子——罗氏老大曾经拥有美国海军上将的头衔——罗斯福兄弟从此开启了西方“精英”贵族们猎捕大熊猫的时髦狩猎运动。第一个将活体大熊猫带到美国去的露丝，便是被这一风潮裹挟而至的。在露丝的探险之旅中，中国自始至终都充满了未知和神秘，她获得大熊猫的全部过程也完全是从梦幻到梦幻，本书“发现”篇已经描绘了她捕获苏琳的奇幻过程，而当她带着苏琳在成都中转时，她成功的消息就通过电波传送到了大洋彼岸，当她乘坐道格拉斯十四座飞机从成都抵达上海时，已经有不少记者在恭候她了，因为美联社已经将这个消息传遍了全世界：

> 成都，四川省，中国，十一月十七号（美联社报道）：“一位出生于纽约的美国探险家威廉·H.哈内克斯夫人今天从川藏

① ［美］克米特·罗斯福、小西奥多·罗斯福：《跟踪大熊猫的足迹》，王晓云、蔡晓玲译，云南民族出版社，2014，第193页。

> 边境携一只活熊猫抵达上海，熊猫是一种稀有的、外貌像熊的动物……[①]

《时代周刊》紧跟着评论道："这一条简洁的新闻，让全世界的动物学家感到极度兴奋。"美国人向来崇尚"第一"，法国人虽然第一个发现了熊猫，而美国人却取得了另一项殊荣——将活生生的熊猫带回美国。

1936年岁末，当露丝带着熊猫幼仔苏琳回到美国时，她与她的熊猫宝宝受到了疯狂的追捧。苏琳被评选为"年度最佳动物"，报刊评价说：这是"具有头等重要意义的科学发现"。一位著名的动物学家以行家的眼光认为，苏琳是"20世纪最著名的动物"。另一位年迈的生物学家见到苏琳时感叹道："我只是想说，我摸到了活生生的熊猫躯体。"罗斯福兄弟之一的小西奥多·罗斯福是一个著名探险家俱乐部的主席，这个俱乐部全部由男性探险家组成，他们素来拒绝女性参加活动，但是面对苏琳和它的主人露丝，这些身份高贵、性格剽悍的男人垂下了高傲的头，他们邀请露丝参加了第三十三届探险年度宴会，五百名男性探险家恭听露丝介绍捕获经过。最后，当露丝将苏琳抱到讲台上，懵懂而可爱的宝宝对着麦克风发出了属于熊猫幼仔的"咩咩"声，这奇妙的神兽之声通过电波传遍了四方。大熊猫的魅力成就了露丝，美国上流社会的追捧引领着熊猫热朝这个超级大国的各个阶层涌去，平民、贵族、儿童、成人，无数的美国人都希望一睹苏

① ［美］维基·康斯坦丁·克鲁克：《淑女与熊猫》，苗华建译，新星出版社，2007，第126页。

琳的芳姿。

1937年4月20日，美国布鲁克菲尔德动物园对外展出稀世珍宝大熊猫，每天只向观众展示两小时。头三个月，游客量就达到了惊人的32.5万。有人无不夸张地评价说："苏琳正变得像电影童星那样令人喜爱和崇拜，变得像宗教领袖那样神圣。"当露丝从中国第二次带回大熊猫"妹妹"时，美国人热情依旧，妹妹展出的第一天，"四万两千名观众前往动物园参观，许多人在开门之前就排上了队，一些人预计场面十分火爆，还带上了梯凳。"有报道说，熊猫受欢迎的程度与当时一位炙手可热的体育明星不相上下，完全可媲美正在激烈进行的棒球联赛的收视率。1938年的春天苏琳去世之后，动物园收到了各地飞来的雪片般的悼念电报，大约有两百万熊猫粉丝前往悼念，这无疑是美国历史上罕见的热爱动物的狂潮，不久之后，这股时髦的风潮就传染给了英国人。

给英国人带去熊猫的是"熊猫大王"史密斯，就在露丝和美国人沉浸在苏琳去世的悲痛之中时，史密斯捕获到4只大熊猫的消息从遥远的四川成都传来。这个英国人总共在四川搜购到12只活体大熊猫，其中4只死亡，有2只分别送给了重庆北碚动物园和上海兆丰公园，剩下的6只全部运回了英国。熊猫甫抵英伦，这个老牌资本主义国家对大熊猫的追捧丝毫不亚于美国，其中一只叫"明"的大熊猫更是在英国人的记忆中烙下了浓重的印记，它的大明星地位与苏琳相比，有过之而无不及。

英国人得知大熊猫已到达动物园，而明却迟迟不露面，急不可耐的民众纷纷打探消息，聚集在动物园附近翘首以盼，终于等来明闪亮登场。但是动物园考虑到明尚年幼，还不熟悉陌生的环境，展览一周后，熊猫馆闭馆谢客。此举迅速引来轩然大波，报刊以《熊猫迷打来电话：不要把它隐藏起来》为题，报道了熊猫粉丝的呼声，无奈之下，动物园只得重启展览，不过每天只允许三个小时的参观时间，这哪里能满足从各地蜂拥而至的粉丝，于是只好每天再延长一个小时的时间。

对英国人而言，明的英国生活更具特殊的意义，它不仅仅满足了人们的好奇心，掀起了罕见的大众热情，还为英国人注入了不畏强敌的战斗精神。此话何来？一个憨萌的生物体如何有此能耐？原来，就在明展示期间，第二次世界大战狼烟烽起，迎战德国法西斯的英国军人突然发现，在紧张、恐惧、焦虑的战争氛围中，全英国唯有明——那个来自东方的萌宝却若无其事，神态自若，每天照样翻滚摸爬，不亦乐乎，一副藐视敌军的模样。在熊猫史上被人们传颂至今的一件趣事是：当英国皇家贵族探望它时，这个小家伙“不懂规矩地夺走了玛丽皇后的花伞，接着它又仰卧在地上咧着嘴乱哼哼，然后害羞似的捂着眼睛，让皇后搔它的肚皮”[1]。

要像明那样镇定自若，藐视敌军！如此信念一经媒体渲染，硝烟之中，英国人紧绷的神经骤然松弛下来，在昂首阔步的军人队列中，居然有扮成大熊猫模样的战士阔步前进。第二次世界大战爆发的前两天，明撤离伦敦，报纸刊出的消息中有一幅漫画，明被画成了婴儿，这显然寓意着明的柔弱无辜。而当明再次回到伦敦，德国人的炸弹呼

① 胡锦矗编：《大熊猫历史文化》，中国科学技术出版社，2008，第58页。

啸着四处炸裂时，悠然自得的明又被画家勾勒成了英国前首相丘吉尔的模样，这象征着英国人继续战斗的勇气。1944年夏天，明身患疾病，停止了在伦敦动物园的展出，于圣诞节的前一天去世。一年之后，第二次世界大战结束。明被制作成标本，在英国各地巡回展览。

憨萌的大熊猫在中国人的解读中是义兽，是和平的象征，却被英国人当成了鼓舞士气的战神，这多少有些南辕北辙，也有些滑稽。这是大熊猫史上的奇事。

## 洋人葛维汉与第一次熊猫外交

1936年岁末，四川汶川草坡，大山已经沉睡，一块巨大巉岩之下，一个农人手攥公鸡，口中念念有词，旋即，只见他点燃一根草绳，待袅袅青烟飘向虚空，农人猛然跺脚，再操起一把利刃向公鸡脖颈处连刺三剑，就见一股温热的鸡血在星光下流淌……这是山民举行的祭拜山神的仪式。

时间过去了好些年，类似的情景又浮现在汶川大山之中，但这两次祭拜都不是为农事或婚丧嫁娶，而是与捕捉大熊猫有关。1936年的情景是露丝所为。这一次，是成都华西坝的洋人葛维汉“导演”，幕后策划者则是宋美龄。

1941年的夏天，纽约布朗克斯动物园失去了心爱的宝贝熊猫“潘多拉”，失落的美国人做梦都想再得到一只，没想到，仅仅过去半年，机会就在圣诞节之前来到了。原来，潘多拉去世的消息通过电波传遍了全世界，也飘向了宋美龄耳中，她计上心来。彼时，她正在思谋如何报答“美国联合救济中国难民协会”的恩德——这个美国民间组织在抗战中为中国捐赠了大量的救援物资和现金。现在，电报中传达的消息让宋美龄知晓，全美国都在为一只熊猫的去世悲伤不已。她先前想到的礼物哪有大熊猫合适呢？那时，宋美龄与姐姐宋霭龄同为战时中国难民及儿童救济工作的负责人，两人心意一致，捕获大熊猫一事很快交给了华西协合大学。

美国教授葛维汉被确定为最合适的人选，这位博物学家的双足曾踏遍了四川西部的许多地方，之前捕获大熊猫潘多拉和潘时，他也是重要的参与者。

领受了任务，葛维汉迅速与先前捕获过熊猫的一位皮毛商人取得联系，重金悬赏当地农人进山寻觅。时值农忙时节，农人们放下农活，被分成了7组队伍，每组10人，携带了40只猎犬整装待发，这也许是有史以来规模最为庞大的大熊猫狩猎队。出发之前，众人面对大山虔诚祭拜，希望不要惊扰神灵，一切顺利。巍巍大山果然开恩，几天之后，葛维汉就在一位地方官员手中购到一只42磅重的幼仔大熊猫，他不敢怠慢，虽已在山中精疲力竭，仍带着大熊猫马不停蹄赶回了成都。他回蓉不久，好消息再度传来，又一只大熊猫被擒获。葛维汉曾转述过农人告诉他的捕获情景：那只60磅的亚成体大熊猫被人类发现后快速奔跑，后面紧跟着熟悉地形的山民，还有狂吠不止的猎犬，其中一位身手敏捷的猎人首先擒住了大熊猫，传说他“赤手空拳将它制服，除衣服被撕破外全身都无恙”，这个不知姓名的剽悍山民为中国的熊猫外交立下了第一功。

那只逃亡未果的大熊猫后来被美国人以投票方式取名“潘弟”，

先前的那只幼仔取名为“潘达”。潘弟于1941年10月13日被送到成都，葛维汉将两只宝贝养在华西坝浸礼会教员住宅中等待了一个月。在此期间，这位博物学家不知出于收获的激动还是中美双方的外交需要，于10月21日在成都电台介绍了捕获的详细经过。中国将赠送美国大熊猫礼物的消息在坊间不胫而走，葛维汉的住宅几乎成了熊猫圣殿，每天前来参观的人川流不息。

与此同时，美国布朗克斯动物园的工作人员蒂文作为美方代表从美国出发，前往成都。在战争的笼罩下，他总是被逼迫改变线路绕道而行，总行程加起来有34868公里，这是一个让人惊诧的距离。为了得到大熊猫，探险家不畏艰难险阻，政治家也不惧山高路远、硝烟弥漫。

11月6日，潘弟和潘达乘道格拉斯客机从成都飞往重庆。甫下飞机，两只大熊猫就成为摄像机、照相机捕捉的不二主角。《大公报》《申报》等大小报刊翌日及时刊出大熊猫抵渝消息，成千上万的重庆市民一时忘掉了战争的痛楚，以一睹大熊猫为乐事。这样的场景以前只在美国和英国发生过，对于绝大多数中国人，他们还没有欧美人熟悉自己土地上的千古奇兽。这是中国本土的第一次熊猫热，也是第一次将大熊猫的价值提升到了国际政治的崇高地位。

中国政府已经为这次熊猫外交制订了详细的计划，时任民国军事委员会第五部国际宣传处处长的曾虚白在日记中留下了关于大熊猫宣传的片段。他所负责的国际广播电台的工作是与美国纽约的代表共同草拟的，包括了总计十三项关于大熊猫抵达美国后的宣传内容，令人遗憾的是，最重要的赠送仪式的转播后来砸了锅，他在日记中说："昨日赠送熊猫典礼广播不幸结果完全失败。"[1]但这个瑕疵并未影响到大熊猫首次在外交舞台的亮相，美国哥伦比亚广播公司实况转播了赠送仪式。

1941年11月9日凌晨4：45，重庆正下着霏霏细雨，赠送仪式在广播大厦拉开帷幕，这也是大熊猫出国史上最具戏剧场景的仪式，选择在凌晨举行，既适应了美国人的时差，也可以躲避日本人的飞机骚扰。就在半年前，日寇对重庆进行了惨无人道的疲劳轰炸，时间长达五个多小时，酿成了著名的"较场口大隧道惨案"，数千人死于非命。史料称：从1938年2月18日至1943年8月23日，超过1.76万幢重庆市区房屋被日寇炸毁，死亡人数为1.19万人，炸伤1.41万人。美方代表蒂文在熊猫之行中也深刻感受到了战争带来的痛楚无处不在，对这个苦难国度怀着同情，他庄严认真地聆听了宋美龄的演讲：

> 我们的美国朋友，你们通过"美国联合救济中国难民协会"在分担着我们人民的痛苦，在医治并非由于他们自己的过错而强加在他们身上的创伤。我们打算通过你，蒂文先生，向美国赠送一对有趣的、毛乎乎的黑白熊猫，作为我们感谢你们的一个小小的表示，我们希望它可爱的举动，正如美国人的友谊给我们中国人民带来欢乐一样，也会给美国儿童带来同样的欢乐。[2]

五天之后，潘达和潘弟，这对由大山赐予山民，又由山民转交中

---

① 《曾虚白工作日志（五）》，载《民国档案》2001年第2期。

② 胡锦矗编：《大熊猫历史文化》，中国科学技术出版社，2008，第52页。

国政府，再由中国政府赠送美国的稀世珍宝，踏上了旅美之路。该年12月7日，日本人偷袭美国珍珠港。12月8日，美国对日宣战。12月31日，大熊猫在布朗克斯动物园展出。在比野兽疯狂无数倍的人类惨烈厮杀中，憨萌的大熊猫慰藉了无数美国人的心灵，它似乎还用天真无邪的眼神提醒人们：大熊猫本是高山隐士，可惜热爱大熊猫的人类——他们当中有些人却并不爱好和平。

当第二次世界大战的硝烟散尽，圈养在欧洲动物园的大熊猫先后去世，之后英国人通过外交途径又从四川获得了一只名叫“联合”的大熊猫，由国立四川大学教师马德从成都一路陪护去到英国。这是民国时期的第二次“熊猫外交”，其影响力小于第一次。“熊猫外交”再度掀起高潮则要等到几十年之后中美建交之时了。

## 共和国的“熊猫外交”

中华人民共和国成立以后，截至1954年，生活在欧洲与美国的大熊猫皆已去世，然而大熊猫热仍留存在许多西方人心中，大熊猫巨大的商业价值让人垂涎。奥地利人德默是位敢于下赌注的动物商人，在中西方因意识形态中断往来的环境下，他令人惊讶地冲破了壁垒，于1958年8月达成了一笔交易，用三只长颈鹿、两只犀牛、两只河马与两只斑马与北京动物园交换了一只叫“姬姬”的大熊猫。带出中国之后，他差一点就以2.5万美元的高价将姬姬出售给美国的一个动物园，交易失败的原因当然不是美国人失去了对大熊猫的热爱，而是因为政治。交易不成，姬姬在西方国家辗转多处，最后以1.2万英镑售予了伦敦动物园，在第二次世界大战中为大熊猫“明”所折服的英国人终于又见到了大熊猫的身影。1972年7月21日，姬姬病逝，存世十七年三个月，创造了当时国外圈养熊猫寿龄的最高纪录。

与西方人千金难求一只熊猫不同，中国的友好国家则幸运地获得了多只熊猫。苏联获赠两只，朝鲜获赠五只，时间在1955年至1979年间。

这期间有一件趣事，奥地利动物商带到英国的姬姬正是1955年中国赠送苏联的两只熊猫中的一只，它当时的名字叫“碛碛”，因为被认定为雄体，苏联人要求换一只雌体以和另一只配对，于是碛碛被送回中国，后来更名为姬姬。让人啼笑皆非的是，碛碛本是女儿身，而代替它去到莫斯科的“平平”却是一个男子汉。

1971年7月9日，时任美国国务卿的基辛格秘密访问中国，密商国际大事之余，还道出了向往大熊猫的愿望。翌年，尼克松正式访问中国，两个大国冰封了二十年的寒冬开始消融。

1972年4月16日，中国“国礼”大熊猫“珍珍”和“兴兴”从北京朝大洋彼岸腾空而去，席卷世界的大熊猫热再度掀起。这一年被美国人称为“熊猫年”，获赠的大熊猫被称为“尼克松熊猫”。1983年7月21日，珍珍生下幼仔，但三天之后死亡，世界自然基金会在瑞士总部降半旗默哀。1992年圣诞节之后的第六天，珍珍去世，美国各大报纸与电视台第一时间跟进报道。有了美国人的先例，世界上许多国家都对中国生发出无限的期盼，大熊猫外交史记录下了以下场景：

1972年10月28日，大熊猫“兰兰”和“康康”飞临日本领空，日本派出战斗机升天护航，时任日本政府内阁官房长官的二阶堂进亲临机场迎接。大熊猫落户上野动物园后，“每天约有14600名观众，一年有三分之一市民去观赏，几年内参观者竟达5000多万人次”。这是日本有史以来第一次大熊猫展览，日本人的热情媲美欧美。

1973年9月，时任法国总统的蓬皮杜怀揣外交任务也怀揣渴求熊猫的希望来到中国。这年年底，大熊猫“黎黎”和“燕燕”落户巴黎文森动物园。发现大熊猫并为大熊猫命名的戴维的家乡人，从此不仅有了博物馆中的标本，还看见了曾经被视为神话的梦幻般的大熊猫。

紧接着，一年之后，时任英国首相的爱德华·希斯带着同样的愿望来到北京，他也没有失望，英国人在1972年失去最后一只熊猫姬姬之后，竟然在如此短的时间内又可争睹大熊猫芳容。这对叫“晶晶”和“佳佳”的明星仍然居住在已有饲养大熊猫经验的伦敦动物园，英国人为它们修建了更好的居舍，“卧室比展厅低，大熊猫可通过升降机像乘电梯一样往返活动。所食竹子都是由佩戴大熊猫标志的小学生在英国西部的康威尔砍伐，然后用火车运到伦敦，从未间断”。

1975年9月10日，一个南美小国举国欢腾，也更新了大熊猫圈养繁殖的海外纪录，这个国家是墨西哥，这对熊猫叫“迎迎”和“贝贝”。来到墨西哥城，这对情侣熊猫没有丝毫的不适感，与四川西北部相似的地理环境竟让它们性成熟之后很快生下了第一只幼仔。墨西哥人喜不自禁，在全国征集幼仔名字，一位印第安女孩取的“多威”被选中，这个名字的含义是“墨西哥男孩”，但是后来发现幼仔不是男孩是女孩，便更名为“多慧”。之后迎迎连续产仔，且在丈夫贝贝去世后又与英国的佳佳配对继续繁衍后代，它创造了当时海外繁育的四个纪录：第一胎的纪录，最多胎的纪录，成活率最高的纪录，可以自然交配并繁殖成功的纪录。1991年1月28日晚，迎迎无疾而终，墨西哥人在著名的查帕特派动物园建立了大熊猫迎迎和贝贝纪念碑。

从1955年到1980年，中国以政府名义共赠送了24只大熊猫给欧美和亚洲共计9个国家，获得大熊猫国礼的国家还有西班牙（1978年）、联邦德国（1980年）等。1980年之后，大熊猫结束了“国礼”生涯。

然而大熊猫注定不会寂寞，它的高贵和珍稀被喜欢它的人、拯救它的人特别关照着，世界各地的熊猫迷也无法想象没有大熊猫的岁月。1992年岁末，中国向全世界发布“中国保护大熊猫及其栖息地工程”计划，新的出租大熊猫形式出笼，规定出租的熊猫必须是圈养繁殖的，中外双方进行合作繁殖研究，合作时间为10年或12年（后来延长至15年），租金每年100万美元，若生产幼仔则增加20万美元，归属权属中国，中国所收租金全部用于熊猫保护工程。这个两全其美的计划是人类保护濒危动物的巨大进步，它的侧重点在生态而不在仅仅满足人类对熊猫的喜爱，成都大熊猫繁育研究基地和中国的熊猫繁殖研究正是得益于这个计划才取得了后来的卓越成就。

# 成华熊猫“引力场”

## 出使德国

2017年7月5日，由成都大熊猫繁育研究基地提供的大熊猫“梦梦”和“娇庆”亮相德国柏林动物园，中国国家主席习近平和德国总理默克尔共同出席了熊猫馆开馆仪式并登台致辞。习近平指出，在中德建交45周年之际重启中德大熊猫保护研究合作，无疑具有十分重要的意义。默克尔则表示，在德中交往历史上，大熊猫为增进两国人民友谊发挥了重要作用。

两个国家的最高领导人对熊猫表示出的最高礼遇和关爱让全世界的众多纸媒、网媒再度聚焦大熊猫。经过人类的保护和解构，大熊猫仿佛有着“核聚变”效应，渗入了人类政治、文化、商业、艺术等众多领域，从一个遗世独立的“竹林隐士”变为滚滚红尘的超级明星。

德国人与大熊猫的缘分起始于1916年，博物学家韦戈尔德在四川威州（现汶川）收购到一只幼仔熊猫，可惜不久后死去，但他和他的考察队仍然收获不菲，他们为德国柏林博物馆送去了五个大熊猫标本。二十二年之后，“熊猫大王”史密斯在圣诞节前夕为欧洲带回了让人惊喜的节日贺礼——五只活体大熊猫，其中一只叫“乐乐”的大熊猫被一位德国动物商购买，在德国各大动物园与欧洲各地巡回展览，这也是历史上第一次大熊猫巡回展。彼时战云密布，乐乐在巴黎展出两周之后，第二次世界大战爆发，动物商人又将乐乐卖给了美国圣路易斯动物园。时间过去了二十七年，另一位动物商——奥地利人德默带着大熊猫姬姬再次去到欧洲巡回展览，当时德国人在分裂的东柏林和西柏林都有幸看到过大熊猫，但他们没能留住大熊猫，最后姬姬落户伦敦动物园。与西方许多国家一样，动物园没有大熊猫总是一个巨大的遗憾，当1972年尼克松为美国人带回一对大熊猫时，德国人再度燃起了拥有大熊猫的希望。

这个希望在八年之后来到。

1979年4月，四川宝兴，夹金山，硗碛藏乡，泥巴沟，农人胡涛秀和丁耀华"救护"熊猫一只，当月24日，这只后来取名"宝宝"的大熊猫来到成都动物园。这是一只健康活跃的帅哥宝宝，喜欢卖萌，擅长翻跟斗，它在成都一直生活到1980年11月4日，这一天，它和来自四川天全的妹妹"天天"领受了重大使命，即将去往德国。在这之前，时任德国总理的施密特得到中国政府的允诺，中国政府将赠送一对大熊猫给德国作为两国友谊的象征。消息传到德国，施密特还未出访，几个动物园就已经开始了争夺饲养权的激烈竞争，最后西柏林动物园拿到了抚养权。

1980年的深秋，大熊猫宝宝们降临德意志土地，享受国宾式最高规格的待遇——一条红地毯牵引着它们朝新居——西柏林动物园新建的熊猫馆走去。这座造价70万马克的豪华别墅由两间卧室、餐厅兼室内休息室、专用厨房、游泳池及室外活动室构建而成。德国人将大熊猫的"床"设计成自动显示体重的磅秤，每天都可以监测大熊猫的体重变化。食用竹除了德国产，还每周从法国空运不同种类的新鲜竹，储藏竹子的冷藏库造价9万马克。这对宝宝享尽了人间荣华，受到施密特总理的亲自“接见”，更受到全德国人的追捧。施密特在开馆剪彩仪式中幽默地说：“过去，熊是柏林城的象征，今后应该以大熊猫为象征。”

西柏林动物园是欧洲最著名的动物园之一，历史悠久，饲养着全世界各类珍稀动物，长久以来都吸引着欧洲人的好奇眼光。一时之间，大熊猫的到来让其他动物都黯然失色，成了这里的头号明星。售价3马克的门票并不便宜，人们仍前呼后拥来到这里，有的人不能自抑激动之情，竟然看得泪流满面，真可谓“熊猫一亮相，洋人便疯狂”。历史上，如此火爆的场景不独德国人所有，自从尼克松破冰之旅之后，在欧美土地上持续上演着一波接一波的大熊猫热：

1984年，美国旧金山动物园的熊猫馆内参观者人满为患，动物园不得不规定每一个观众只能在栏杆前停留三分钟，以便后来者有机会看到大熊猫。

1986年，大熊猫在爱尔兰展示，那时正值国际和平年，一个国际会议在此召开，当时的爱尔兰总统率部长级官员以及苏联、美国等十几个国家的外交官次第前往朝拜大熊猫。让人们惊讶的是，爱尔兰能源部部长在观赏完后灵感激发，为反对正在讨论的《离婚法》，他匪夷所思地将大熊猫的素食主义推崇为爱情忠贞的楷模，以此鼓动人们投反对票，最后，这位老兄居然成功了。殊不知，大熊猫的爱情正好与之相反，它们是一夫多妻、一妻多夫的“情爱玩家”，不过，就像英国人将大熊猫明视为战神一样，人们因为喜爱而宁愿误读。

1987年，曾经展览过来自成都华西坝的大熊猫潘多拉的美国纽约布朗克斯动物园入住了一对大熊猫，当时的纽约市长在开幕式上难以抑制兴奋之情。他说纽约发生了三件喜事：一是本市将增加两千名警察，群众的安全有保障。二是今天早晨宣布了减税法，人们可以省钱。而这些都还算不上什么，第三件才最令人高兴，那就是大熊猫即将出现在纽约人的面前。这位市长是个超级大熊猫迷，他曾会见过多个中国代表团，每一次，他都会询问大熊猫的情况，盼望着大熊猫再次来到纽约。

在另一个美国城市洛杉矶，圣地亚哥动物园将有大熊猫展出的消息传来，人们凌晨就排起了购票的队伍，也只有大熊猫才有如此魅力让人激情难耐。

1984年2月，宝宝的伴侣天天突患重病，西柏林动物园的六名高级兽医抢救了二十四小时无力回天，天天于2月8日上午10时左右撒手人寰，德国举国哀悼，并为此发行纪念币，正面铸天天像，售价89马克，首日一千枚被抢购一空。十一年之后，宝宝迎来它的新伴侣“艳艳”，它们共同生活了十二年。2007年3月26日，艳艳没有任何征兆地猝死，消息传遍全世界。德国大熊猫迷严厉追责，有人认为艳艳是醉酒而死，有人说是饲养员管理不当，还有人说是新来的一只小北极熊抢了艳艳的风头，艳艳失宠，怀着孤独寂寞抑郁而逝——这些稀奇古怪的死亡猜想表明，对大熊猫的热爱已经刻在了许多人的骨髓之中。

就在人们怀念艳艳时，宝宝却没有哀伤，因为宝宝早已习惯了“王老五”的单身生活。早先，它与第一个女朋友天天倒是相处和谐，但天天早夭。后来将它与伦敦动物园的“明明”配对，宝宝却不领情，甚至对姑娘大打出手，人们不得不用灭火器将之强行分开。艳艳到来时，两人照样是情不投意不和，每每行房之时，宝宝总是挑剔艳艳的不是，而艳艳看见它总会退避三舍。有一次，艳艳为了甩掉这位厚脸皮的求爱者，差点就咬掉了宝宝的耳朵。熊猫的爱情人类不懂，德国人更惆怅莫名，眼看着宝宝一天天老去，却没有续下德国大熊猫的香火，希望正随着时间的流逝快要消失了。

2012年8月22日，柏林动物园熊猫馆突然静了下来，有人悄悄地在宝宝居所前放下一朵橙黄色的玫瑰，饲养员在“喂食时间表”的栏目中写下了几行德文：“11时30分，今日无；15时，取消”。一位小朋友指着空荡荡的兽舍问妈妈：“为什么里面没有熊猫？”妈妈黯然回答：“它太老了，去世了。”来自四川宝兴大山的大熊猫宝宝在这天早上8点半左右寿终正寝，时年三十四岁，创造了海外熊猫存活时间最长的纪录。

宝宝的去世照例成为重大新闻，继那朵橙黄色的玫瑰之后，众多追祭的鲜花放在了宝宝的居所前，德国各大报纸皆刊出消息，一张宝宝吃德国传统扭花面包的照片提醒着人们，这只属于德国的熊猫宝宝只能存在在大家的记忆中了。大熊猫何时才能再来到德国？已经是许多德国人迫不及待想要得到的答案。

面对翘首以盼的熊猫迷，2014年12月，柏林动物园园长克尼里姆回答说：“我的胳膊就只有这么长，我只能做我触手可及的事情，而要得到大熊猫需要比我这长得多的手臂。”

克尼里姆的回答让熊猫迷伤心，但伤心是暂时的，担心也是多余的，德国总理默克尔在几次访华中都向中国提出了合作繁育大熊猫的事情。2015年，默克尔与中国初步敲定了租借大熊猫的事情；2017年4月28日，中国方面与柏林动物园向外界宣布，中国野生动物保护协会与德国柏林动物园签署了中德大熊猫保护研究合作协议，合同期为十五年。在失去熊猫近五年之后，德国人将再次拥抱大熊猫。中华人民共和国外交部也发布了信息，习近平主席即将访问德国并将与德国总理默克尔共同出席熊猫馆开馆仪式。

被人类所拯救，又被人类宠爱得无以复加的大熊猫再次闪亮登场。

在中国，成都大熊猫繁育研究基地主任张志和在斧头山举行的欢送仪式上郑重介绍了两位“熊猫大使”的简历：

> 大熊猫“娇庆”，雄性，谱系号769，2010年7月15日出生于成都大熊猫繁育研究基地。爸爸“科比”，妈妈“娇子”。性格外向、活泼，喜欢运动、打滚、调皮，是一个圆圆脸的帅小伙。
>
> 大熊猫“梦梦”，雌性，谱系号868，2013年7月10日出生于成都大熊猫繁育研究基地。爸爸“勇勇”，妈妈“二丫头”。圆脸，嘴筒子短，性格温驯，是个大姐姐，喜欢卖萌，喜欢照相，很有镜头感。[①]

在德国，大熊猫尚未到来，熊猫旋风已经刮起。柏林动物园官方网站的熊猫博客被连续刷屏。“只要×天熊猫们就要来了！”博客的倒计时迎合着熊猫迷们的热望。柏林动物园园长已经先后到成都三

---

① 陈诚：《成都大熊猫“梦梦”“娇庆”赴德欢送仪式在成都大熊猫繁育研究基地隆重召开》，成都大熊猫繁育研究基地官网2017年6月23日报道。

次，为它们办理出国手续，饲养员克里斯蒂安与一位保健医生也先期来到成都熟悉情况。

6月24日下午3点，柏林勃兰登机场终于迎来了珍贵客人——梦梦和娇庆。在这之前，这个机场一直处于长期建设之中，德国人由此戏称，机场何时投入运营是21世纪最大的谜，现在，这个谜底终于揭晓，它的第一次飞行竟然给了一对大熊猫。

大熊猫来了，乘坐德国汉莎航空公司的专机来了，下降滑行之时，驾驶员在机窗外挂出了中国和德国的国旗，一辆消防车靠近飞机，高压水泵制造出晶光般流泻的水门，这是德国人的特别礼节，据说上一次出现是在三年前，他们引以为傲的德国足球队取得了世界杯冠军，这一次，德国人给予了大熊猫礼赞。

柏林市长穆勒、中国驻德大使史明德早已恭候在此。当大熊猫笼子的面板取开时，梦梦温驯而乖萌，而娇庆则颇有些惊诧和警惕。当中国大使靠近笼子时，娇庆猛然间发出了一声怒吼。一位记者打趣说："也许是埋怨从此远离家乡，抑或只是跟大使打个招呼，娇庆出人意料地大吼一声把众人吓得打了个激灵，接着是一片会意的爆笑。"

为迎接大熊猫的到来，柏林动物园早已准备妥当，新建的熊猫园在原来的熊猫馆基础上扩建，花费1000万欧元，占地5500平方米。红色基调的中式牌楼、围栏营造着东方情调。1万平方米的熊猫活动场所也竭力模仿了成都大熊猫繁育研究基地的设计。流动的小沟渠、攀爬的梯架等一应俱全，还配置了自动感应灯系统、温控系统等调控设施。动物园准备好了10种竹子，分别从本国和荷兰购入。为了两个宝贝能逐步适应新环境，成都大熊猫繁育研究基地也随专机准备了

1000千克的竹子和10千克苹果、2千克窝窝头，德国人准备的副食则是燕麦片和特制的面包。

超级豪华的居所，全方位无微不至的照护，大熊猫从被发现以来，大多数时候都得到人类的最高待遇，但与往昔不同的是，人类对大熊猫的娱乐是拯救生态失衡的延伸，人们不仅要在大熊猫身上寻求快乐，更要通过大熊猫找到自身与大自然的和谐联系。今天展示在世界各地的大熊猫全部是圈养种族的后代，没有一只是来自高山丛林的“原生”，它们都是人类缔造的“作品”，柏林动物园接力成都大熊猫繁育研究基地的任务，承担了研究、繁育的重任。对于此点，成都大熊猫繁育研究基地的专家对德国人是信任的，侯蓉研究员说：“德国在生物科学特别是野生动物繁殖方向处于领先地位。比如，在大象的人工授精等领域，全世界只有德国完全掌握了相关技术与操作规范，并且拥有成功案例。”[①]事实上，柏林动物园并不仅是动物展览机构，它同时也是德国重要的物种研究所，在全世界有着显赫的地位，将成都大熊猫交付给德国人，由柏林和成都共同展开科研，人们期待着大熊猫研究的新成果。

## 王后与熊猫

皇室贵族对珍禽异兽的喜爱见诸汗漫史籍的诸多记载，中国西汉年间，薄太后随葬品中有熊猫从葬也得到了考古证实。千余年之后，

① 王成栋、陈岩：《大熊猫“梦梦”“娇庆”引爆德国“大熊猫热”》，《四川日报》2017年7月6日。

大熊猫依然受到皇家追捧，第二次世界大战时期，英国皇室对大熊猫的热爱为许多人津津乐道，不过已成旧闻。2008年，摩纳哥王子携女友参加世界自然基金会名流之夜，这位未来的王妃一袭大熊猫图案的晚礼服惊艳了世界。在成都大熊猫繁育研究基地，人们也曾看到皇室的身影穿梭在斧头山的茂林修竹之中。

2007年6月29日，成都大熊猫繁育研究基地的一位工作人员一大早就来到了自己的岗位，她怀着好奇等待着今天将要来到的重量级嘉宾——西班牙王后索菲亚。这一天，索菲亚王后出席了中国和西班牙大熊猫合作项目的启动仪式，一派喜庆氛围中，王后探视了即将去到西班牙的一对大熊猫情侣，她用爱怜的目光凝视着调皮的小伙子“冰星”、文静的姑娘“花嘴巴”，欣慰地露出了笑容，她知道，西班牙人在失去可爱的大熊猫竹琳后，又将续写新一轮的大熊猫情缘。

在早期大熊猫猎捕史上，以剽悍著称的西班牙人缺席了在中国西部的捕猎行动，20世纪40年代和50年代，两次熊猫欧洲巡回展也似乎没有到达过西班牙国土，但这并不代表这里的人民不喜爱大熊猫，他们的国王和王后都非常喜欢这个只有中国才有的超级萌宝。1978年6月，索菲亚随丈夫胡安·卡洛斯国王访问中国，在“熊猫外交”的和谐氛围中，西班牙继美国、德国、日本等国之后也满心欢喜地得到了中国的国礼——大熊猫“强强”和“绍绍”。索菲亚不会忘记，大熊猫来到西班牙的第四年，一个秋日之夜，国王在酣睡中被一个好消息惊醒，马德里动物园在第一时间报告说，大熊猫绍绍分娩了，而且生下了一对龙凤胎，夫妻俩高兴坏了，全西班牙也为这个喜讯感到兴奋。虽然之后只有一只幼仔存活下来，但仍然意义非凡，因为它是在欧洲运用人工授精技术出生并存活的首只圈养大熊猫，有关机构还对这只大熊猫幼仔的身价做了评估，价值西班牙币两亿比塞塔，创造了当时的吉尼斯世界纪录。

高兴之余，西班牙人为这个小宝贝组织了全国征集名字的活动，一个诗意的名字——“竹琳”诞生了，一位著名的西班牙童谣歌手还为之作曲一首，从此竹琳和“熊猫之歌”陪伴了许许多多西班牙人度过美好童年。1996年，正值妙龄之年的竹琳香消玉殒，西班牙人悲伤不已，为其塑像纪念，索菲亚王后怀着惆怅的心情参加了塑像揭幕仪式。后来，竹琳与先它而去的妈妈绍绍的遗体标本珍藏于西班牙国家自然博物馆，吸引着许多人前往瞻仰，但标本和雕塑无论塑造得如何传神，也不及鲜活的生命，皇室与民众都渴望着再次在动物园中看到活蹦乱跳的大熊猫。

就在王后成都之行过后的2007年9月7日，冰星和花嘴巴从成都启程前往西班牙，那一天，它们的中国奶爸奶妈一大早即来到基地送行，他们明白，这两只熊猫一去至少是十年，有些饲养员的眼中不觉包起了惜别的泪花。他们为两个宝贝准备了路上的点心：窝窝头、苹果，当然也准备了足够多的主食竹笋。随行的工作人员李明喜目睹了两只大熊猫离开成都的整个过程。警车开道，汽车缓行着向机场行进，本来可以直达机场，但是有心人却建议绕道市中心，似乎觉得大熊猫想再看看家乡人，家乡人也想看看即将远行的大熊猫——其实哪能瞥见，成都市民只能看见车身贴着的巨大的大熊猫画像，品味着其中的生态意义以及国际意义。

与成都的惜别之情不同，西班牙马德里动物园却是一派迎新气氛，准备工作早已安排妥当，冰星和花嘴巴各有一个豪华单间，“空调、加湿器等设备已经安装调试完毕，还安装有八个闭路监控器以便实施二十四小时全天候监控”。室内活动场所也模拟了成都大熊猫繁育研究基地的设施。主食竹除本国所产之外，也在法国、葡萄牙等国联系到了竹源，万事俱备，只待大熊猫的到来。

北京时间9月8日21时，西班牙时间15时，经过三十余个小时的颠簸，从上海转机飞向西班牙的波音747专机飞临马德里巴拉哈国际机场。只见万里无云，烈日当空，飞机缓缓停稳，鲜艳的橘红色机身好似人们期盼大熊猫的火热情怀。八十余家西班牙媒体早已恭候在此，机场的国宾候机大厅张贴了大量熊猫宣传画，上书“大熊猫重返马德里”。一位当地女记者清楚地记得小时候去马德里动物园观赏大熊猫的情景，没想到，时隔多年又将见证大熊猫来到西班牙的盛况。参与接待的马德里动物园职工公私两不误，有人带着自己的孩子来到机场。为满足大家一睹大熊猫的愿望，工作人员揭开了装运箱的遮光布，顷刻间，记者的长枪短炮迅速迎上前去，可是傲娇的大熊猫却不给面子，它们俯卧在箱子里面。在机场，马德里动物园向记者发布了简短消息，之后，一辆大熊猫运输车和一辆加长林肯房车在警车的护卫下驶向动物园，一路之上，许多热情的人仍尾随而行，生怕错过些许关于大熊猫的讯息。

当日，两位动物明星入住新居。据中方随行人员李明喜说，冰星是位不怕生的主，它走出笼门的姿态优雅自如，瞧见地上有一个苹果，便毫不客气地抓起就啃；而花嘴巴却羞涩多了，面对这么多金发碧眼的老外，它蛰伏在笼子里半天不肯走出去，直到园内彻底安静下来，这位千金小姐方才款款而出。陌生的环境需要适应，人类如此，动物也相同。

在动物园度过了十七天的“实习生活”之后，9月19日，西班牙马德里动物园熊猫馆开馆仪式正式举行，参加者有中国驻西班牙大使、马德里市长以及众多的工作人员和大熊猫粉丝。其中的“高级别粉丝”当然是索菲亚王后，是她在成都“面试”了大熊猫，现在她又代表西班牙迎接宝贝的来到并揭幕。大熊猫的魅力让整个西班牙不可拒绝，热爱大熊猫的风潮由他们的国王和王后所牵动，在见于报道的新闻中，索菲亚是欧洲皇室中与熊猫亲近次数最多的王后，她的每一次露面也照例成为西班牙媒体关注的焦点。

2010年11月5日，王后又来看望大熊猫，这已经是她第三次来探望它们了。第一次是在成都，第二次是熊猫馆揭幕那天，那时候大熊猫尚小，它们与王后并不亲密，而这一次，已经安居他乡三年的小家伙已经“乐不思蜀”了。今非昔比，花嘴巴已为人母，它生下了一对双胞胎，羞涩的它早已适应异乡生活，不再惊诧，只见这位安静的妈妈不慌不忙地吃着竹子，时不时转头瞧一瞧皇室的高贵客人。王后伸出双臂将刚出生不久的小家伙拥在怀里，两只活生生的“玩具”顺从而乖巧，圆滚滚的小肚皮一起一伏，萌萌的黑眼睛与王后对视着，王后拿起奶瓶给幼仔喂奶，这一温馨画面被摄影记者所捕捉，“王后哺婴图”迅疾传遍欧洲和全世界。花嘴巴生下的那对双胞胎一只取名“德德”，另一只叫“阿宝”，阿宝被西班牙拉蒙影业公司认养，因为西班牙版电影《功夫熊猫》中的主角叫阿宝，它便随了此名，德德则是远在中国成都的熊猫粉丝在网上征名时取的。2013年，按照合同，阿宝和德德返回中国。就在它们回国那年，它们的妈妈花嘴巴又生下了一个叫“星宝”的弟弟，前些年，星宝也回到了成都。2016年8月30日，它们能干的母亲花嘴巴再添一喜，生下了一只雌性幼仔，人们又在网上发起征名活动，对之前的大熊猫竹琳难以忘怀的西班牙人，最终选择了“竹莉娜”这个有着纪念意义的名字，在西班牙语中，它还有着“竹林之宝”的意思。

在圈养大熊猫的历史上，尤其是在人工授精技术取得突破之后，每一次大熊猫怀孕、产仔，以及给大熊猫幼仔命名都会引来社会各界的关注，人们在大熊猫文化的驱使下也乐意将之与人类的经济文化挂钩造势，这一次命名也照例如此。来自中国成都的大熊猫是中国的骄傲，当然更是成都的荣耀，竹莉娜的命名仪式自然是不同凡响。在“2017西班牙成都周”的活动期间举行，懵懂的大熊猫又一次引来注

▶索菲亚王后探望大熊猫幼仔
成都大熊猫繁育研究基地供图

目。毫无疑问，成都人沾了红得发紫的大熊猫的光，成都元素在“2017西班牙成都周”惹人注目；而西班牙人又借了成都的光，正是成都缔造的优质大熊猫给他们带来不断的喜悦。果不其然，一年之后，西班牙人再次得到关于大熊猫的喜讯，原本与成都大熊猫繁育研究基地签订的十年合同将延续五年，在续签仪式上，皇室的身影再次出现，索菲亚王后又一次愉快地来到现场。

王后爱熊猫，大众慕时尚。据西班牙马德里大区主席辛福恩斯特女士介绍，截至2016年，到马德里动物园观赏大熊猫的游客已经超过了1100万人，这个数字占西班牙全国人口的五分之一，可以想见，这个国家的熊猫热一定会欢乐地进行到底。

## 朝拜成华的世界名流

自打大熊猫现身红尘，名流与大熊猫的故事便在曲折的历史中没有中断过，在大熊猫的光环中，总会叠映出名人的身影，除了英国皇室、尼克松夫人、西班牙王后痴迷大熊猫，人们尚可看到铁娘子撒切尔夫人怀抱熊猫玩偶的灿烂笑容，美国前总统克林顿亲近熊猫玩具的柔情，还有加拿大总理特鲁多、加拿大前总理史蒂芬·哈珀、法国总统马克龙与大熊猫温情的合影。

大熊猫的魅力总是让人惊叹，当猎杀大熊猫的历史成为追忆，这种魅力愈发得到彰显，环顾世界，很少有人能够逃脱大熊猫的“诱惑”，以成都大熊猫繁育研究基地为例，这里圈养大熊猫的历史并不算长，只有短短的三十年，但是奔向斧头山朝拜大熊猫的世界政要、名流巨贾却大有人在，他们甘愿让大熊猫萌化他们叱咤风云的强悍内心。据不完全统计，来到斧头山的国家政要及他们的夫人计有：

坦桑尼亚前副总统巴尔（2001年）、捷克前总统克劳斯（2004年）、巴基斯坦前总统和夫人（2006年）、美国前副国务卿佐立克（2006年）、英国前副首相普利斯科特（2006年）、巴基斯坦前总理阿奇兹和夫人（2007年）、西班牙王后索菲亚（2007年）、印度尼西亚共和国前副总统夫人卡拉（2007年）、法国前总理拉法兰（2008年）、法国前总统参谋长加诺上将（2008年）、多米尼克国前总统尼古拉斯·利物浦（2009年）、德国前总理施罗德（2009年）、英国前首相布莱尔夫人切丽（2011年）、欧洲理事会前主席范龙佩（2011年）、北马其顿共和国总统伊万诺夫（2013年）、坦桑尼亚前总理平达及夫人（2013年）、加拿大前总督夫人宋雯（2013年）、白俄罗斯前副总理托济克（2013年）、蒙古国前总理夫人霍·色楞格（2013年）、澳大利亚前总督布赖斯（2013年）、秘鲁国会前主席奥塔罗拉（2014年）、国际奥委会主席巴赫（2015年）、新西兰前总理约翰·基和夫人（2015年）、丹麦前首相拉斯姆森（2017年）、乌拉圭副总统露西亚·托波兰斯基·萨维德拉（2018年），以及美国前国务卿基辛格、英国前首相希思。[①]

曾任美国副国务卿的佐立克向来以不苟言笑而著称，可他仍有着柔情似水的另一面，证明此点的一个故事是，在他访问中国的匆匆

① 此为不完全统计。到成都大熊猫繁育研究基地参观的外国政要及夫人的数量有两种说法，一说为50余位，另一说为30余位，尚待调查。基辛格和希思的参观时间不详。

行程中，大熊猫竟占有重要地位。2006年1月25日，当他在成都将一只名叫晶晶的幼仔拥入怀中，那小家伙似乎是故意要逗一逗这位政治家，冷不丁在他脸上印上了一个香吻，佐立克被瞬时萌化，这一刻被摄影记者定格，严肃的佐立克孩童般的笑容传遍世界，“佐立克之笑”成为经典，以至于几个月之后，当佐立克辞职时，时任美国国务卿的赖斯在送别词中仍不忘用美式幽默调侃他，说他是一位“经验丰富的政策制定者，老道的外交家……他能有勇气卷起袖管，甚至偶然要拥抱一下熊猫”。

其实拥抱幼仔熊猫，尤其圈养的小宝宝，哪里需要什么勇气，它们在人类的精心照料下大都温驯而乖巧，拥抱大熊猫，需要的只是幸运。2011年，英国前首相布莱尔的夫人切丽看到大熊猫，遗憾没有带她十一岁大的小儿子来成都。捷克前总统克劳斯夫妇将大熊猫搂入怀中时，已经没有更好的语言来表达自己的热爱，口中怜爱地不停念叨：“太可爱了，太可爱了。”

成都大熊猫繁育研究基地的参观留言簿写满了各国政要及夫人对大熊猫的印象：

“这真是最神奇的动物，这是我所看见过的最可爱的动物，我深深地被它们吸引。”这是加拿大前总理夫人发出的赞美。

“我第一次看到如此神奇的大熊猫宝宝，它们是全世界名副其实的最珍贵的礼物。”这是坦桑尼亚前总理的留言。

北马其顿共和国总统伊万诺夫写道：“此次成都大熊猫繁育研究基地之行不仅让我深深感受到中国国宝大熊猫的魅力，更让我感受到成都这座城市的吸引力。”

“太惊喜了”“终于见到大熊猫真身了”“大熊猫有着不可抗拒的魅力”……全世界不同肤色的名流用不同语言表达着相同的意思，让其他动物都逊色一筹。

中国的友邦巴基斯坦没有得到过中国国礼大熊猫，但他们的前总统偕夫人来成都观赏过大熊猫，并发出了由衷的赞美。巴基斯坦前总统穆沙拉夫是在2006年2月23日下午来到成都大熊猫繁育研究基地的，他和夫人同之前给予佐立克香吻的熊猫晶晶有了近距离接触，虽然这一次晶晶没有给出香吻，但前总统夫妇也心满意足了。穆沙拉夫说：“我终于知道大熊猫有多可爱了。”巴基斯坦前总理阿齐兹没有去看大熊猫，但他的夫人却兴致勃勃地前往斧头山，这位美丽的夫人身着蓝色包边的卡其色长袍，足穿一双软底轻便鞋，她特意穿这双鞋，因为她怕脚步声惊动熟睡中的大熊猫宝宝。她的担心是正确的，当她来到产房时，一只叫“小丫头”的熊猫宝宝正在梦乡中，小丫头才八个月大，是妈妈怀孕五个月产下的，前总理夫人非常好奇：“为什么不是十个月呢？”想来她是把大熊猫孕期等同于人类了。小丫头睡醒后，夫人终于如愿以偿地将它抱在怀里。在幼仔活动场地，当前总理夫人向游人们挥手致意时，一只大熊猫竟然也抬起前掌轻轻摆动了两下，随即又害羞地蒙住自己的右眼，熊猫这个著名的动作几十年前曾逗乐过英国皇室的贵宾，现在不仅惹来众人欢笑不止，也令前总理夫人不忍离去。离开的时间到了，夫人却临时改变了计划，又去基地的熊猫魅力剧场观赏了一部科普教育片，方才尽兴而归。

四川成都，美食的天堂，大熊猫的故乡，匆匆而来的旅者可以用胃留住川菜的味道，可是大熊猫——“带不走的只有你”。

2014年3月24日，成都大熊猫繁育研究基地主任张志和收到一封来自美国的信件，信中写道：

亲爱的张博士：

我想感谢这次中国之行中您的善意与友好。正因您的巨大努力，我在成都大熊猫繁育研究基地的参观非常顺利圆满。我再次为您付出的时间和辛劳表示感谢。很高兴我能与自己的母亲、女儿分享这次经历，这是我毕生难忘的旅程。

再次感谢，并致以良好的祝愿。

米歇尔·奥巴马敬上[①]

百余字的简短信件却三次表达了感谢之情，看来这位白宫的前女主人的确被大熊猫拨动了心弦。

米歇尔·奥巴马是在2013年12月1日上午10点来到成都大熊猫的乐园的。她向全程陪同的张志和博士不断提问：大熊猫生下来多重？它们一天能吃多少竹子？它们跑多快？张志和不断地给她进行大熊猫科普，满足这位前第一夫人的好奇。在大熊猫幼儿园，五只毛茸茸的大熊猫宝宝与一只二十二岁的大熊猫妈妈正怡然自得地啃着竹子，米歇尔的两个女儿目不转睛。在大熊猫幼儿园旁边，居住着在美国出生的大熊猫“美兰”，米歇尔一家人特地去看望了美兰。她们还兴致勃勃地撑起长长的竹竿给大熊猫喂食苹果，客串了一次训练大熊

① 唐亚飞：《米歇尔的难忘之旅》，《大熊猫》2015年第3期。

猫肌肉能力的驯养员。“我不能连大熊猫都没看就离开中国”——这是米歇尔在博客中写到的。这位大熊猫粉丝在成都终得所愿。

据华盛顿国家动物园的工作人员介绍，白宫的不少高官都是大熊猫粉丝，“前总统奥巴马、前副总统拜登和前国务卿克里都曾和家人一起来看望过大熊猫”。米歇尔曾在白宫官网的旅游日志中谈到中国与美国之间的大熊猫外交，也将自己的成都大熊猫之行提升到外交意义层面上，她说：“即使像中美这样饱含差异性的复杂大国，小礼节也能代表重大意义。”她的评说不无道理，虽然中国早已停止了大熊猫的国礼馈赠，但合作科研的形式却仍然包含了对合作国的礼遇成分。

▲ 米歇尔·奥巴马一家在基地留影　成都大熊猫繁育研究基地供图

2014年，来自安徒生故乡的丹麦女王玛格丽特访问中国，她代表这个童话国度表达了对童话般的大熊猫的热爱。两年之后，中国与丹麦签署了大熊猫保护合作研究协议。又过了一年，兴奋的丹麦首相拉斯穆森来到成都大熊猫繁育研究基地，探望被选中的两位熊猫大使——“毛笋”与“和兴”[①]。这位前首相颇有“心机”，参观之前，他学了几句简单的四川话，当看见大熊猫后，他便大声用四川话招呼：“毛笋——和兴——”俨然与大熊猫已经是老朋友了。同许多热爱大熊猫的粉丝一样，在萌宝面前，拉斯穆森也失去了丰富的言辞表达，他只是质朴地赞美说：“大熊猫是我认为的最可爱的动物。”接着又补充道，“我发现它们的形态和动作跟人类特别像。”其实除了运用第六根伪拇指手握竹子的姿态像极了人类，大熊猫是自有仪表的。不过这番话并不是说拉斯穆森对动物保护缺乏认识，在成都之行中，目睹了成都大熊猫繁育研究基地所取得的成绩后，拉斯穆森深深地感谢中国对保护大熊猫所做的努力，让这么稀罕的动物免遭灭绝之灾，他还在多个场合告诉中国人：“放心，我们一定会好好照顾毛笋同和兴。”

如拉斯穆森所言，丹麦人重视大熊猫的程度不亚于其他国家。大熊猫尚未启程，丹麦的熊猫馆已在建设当中，在这个冰天雪地的北欧小国，又一个超级豪华的熊猫别墅即将建成。据报道，丹麦熊猫馆占地面积为2450平方米，“内部按中国传统文化中的太极图案分为阴和阳两部分”。总耗资数额庞大，约合人民币1.5亿元，由十几家丹麦

① “和兴”后改名为“星二”。

企业与基金会共同赞助。

2017年11月1日，拉斯穆森带着他在成都的承诺，出席了熊猫馆奠基仪式，中国驻丹麦大使也到场祝贺。童话国度即将迎来遥远东方的童话般的动物——成都大熊猫毛笋与和兴。

## 明星热爱斧头山

人类发现大熊猫已近一个半世纪，距第一只活体大熊猫苏琳亮相美国也过去了八十余年，在漫长的时光中，这个世界上演了太多的血雨腥风，但人类对大熊猫的一往情深却从来没有改变，即使偶尔会有另类的“杂音”，但即刻就被压倒性的赞叹声所淹没。

第二次世界大战前夕，大熊猫“明”惊艳英伦，一位叫蒙塔古·史密斯的人却在《每日电讯》上对狂热的熊猫迷进行讥讽：“动物崇拜正表现出令人恶心的征兆，那些愚蠢得不可救药的人开始试图赋予大熊猫灵魂。”在他的眼中，大熊猫是一种“怪物”，而“令人作呕的感染大熊猫精神瘟疫的人数甚至远远超过人们的估计”。史密斯“反潮流”的声音当即遭到众人反击，一位拳击手回应道：“在今天的世界里充斥着许多残酷的东西，找到大熊猫这种你真正喜爱的东西是件美好的事情。”也许史密斯的讥讽指向的并不是大熊猫本身，而是担忧战争来临前人们会被分散警戒心，而那位拳击手的回应则让人们看到了什么是铁汉柔情。

与这位拳击手一样，几十年后，在成都大熊猫繁育研究基地，众多彪悍的体育好手也拜倒在大熊猫的裙袂之下。网友“强有力的小公主”晒出过几位NBA球星与大熊猫的亲昵照，暴露了这些硬汉的另一面——在大熊猫面前展露出内心深处最萌的温柔，其中有安东尼、保罗、哈登、杜兰特、奥尼尔、阿泰斯特、林书豪。

照片中的林书豪双手摆出了胜利的“V”形手势，杜兰特也摆出了同样的手势。绰号“甜瓜”的安东尼让大熊猫坐在了他的腿上，队友保罗也紧靠着大熊猫。强悍的奥尼尔展开他巨猿般的长臂，不是为了强悍扣篮，而是为了搂抱萌萌的大熊猫宝宝，粗犷与可爱相融，怎么看都透出奇妙的喜感。有同样喜感的还有阿泰斯特，与大熊猫宝宝相拥后他仍不过瘾，干脆躺在地上与大熊猫“同床共眠”。

“东方小巨人”姚明也来了，他的身高带来了障碍，成都大熊猫繁育研究基地准备的最大号防菌服套不住他的身板，他怀抱大熊猫的画面也由此定格了一个纪录：与人类“肌肤相亲”的大熊猫遭遇了史上最高的大熊猫粉丝。这个粉丝除了身高让人仰望，同时还拥有一颗悲悯之心，从篮球场上退役之后，他所筹建的“姚基金”除了致力于青少年的教育慈善，还关注着濒危野生动物的保护工作，此番他与大熊猫的零距离接触正是为此。

2012年11月11日，姚明来到成都参加大熊猫野化放归仪式，他对大熊猫肥胖但灵活的身体惊叹不已：“它们的柔韧性太好了，我刚进去时它是背对我的，不知怎么就突然转过来了。”这位篮球天才用体育人的眼光欣赏着大熊猫，也用保护者的姿态对众人演说道：“五十多年前成都发现大熊猫是‘授人以鱼’，今天我们野放大熊猫是‘授人以渔’。”简洁而准确的比喻抓住了大熊猫保护的核心。与几十年前那位英国拳击手相比，同是热爱大熊猫，但姚明话语中的内涵已经有很大不同。有记者询问：“作为上海市的政协委员，您会不会在野生动物保护方面做出提案呢？”姚明正色回答：“我想这是一个严肃的问题，提案必须要建立在强大的调查基础之上，我不会光有一腔热血，只会在最合适的时候提出最合适的提案。”这并非他作为名人的“外交辞令”，他明白自己能做什么和不能做什么，正如他在回答另一个提问时所说，“具体的内容，有专家和科技工作者去完成，我们插不上手……我们能做的，就是向全世界、全人类呼吁，保护大熊猫，保护野生动物……”[①]

▶姚明参观成都大熊猫繁育研究基地 成都大熊猫繁育研究基地供图

① 《姚明与大熊猫的第一次亲密接触》，《南国早报》2012年1月12日。

姚明说到做到，同年9月10日，“2012年成都全球招募熊猫守护使”活动在上海启动，“姚基金”参与其中，姚明出席启动仪式时重申他的理念：“‘姚基金’的目标是支持贫困地区教育事业，我认为教育是多元化的，野生动物保护要从娃娃抓起，自然保护也是教育中非常重要的一部分。通过教育去让孩子们了解怎样保护自己的家乡、发展自己的家乡。”作为名人，姚明的所作所为有着巨大的感召力，也让人们对“姚基金”有了更多期待。

一部“熊猫热爱史”几乎就是一部名人们推波助澜的历史，大熊猫的光环总是套着名人的光环，两相辉映，长久不衰。当年在美国，为全世界倾慕的童星秀兰·邓波尔、被评为“20世纪美国十大偶像”的女作家海伦·凯勒，还有著名歌星苏菲·塔克都是大熊猫粉丝。时隔多年，大熊猫早已不是难以窥见的传说中的神奇动物，但却仍然吸引着众多名人开启“朝拜”之旅。

明星爱大熊猫，粉丝慕明星，在消费时代，明星效应更具有扫荡大众文化的摧毁力。温碧霞坐在潮湿的地上拥抱大熊猫，孙菲菲将认养的大熊猫取名“熊三多”，蔡依林笑称“熊猫的烟熏妆好自然”，刘若英与不到一周岁的大熊猫“蜀蓉”合影，宝莱坞巨星阿米尔汗给大熊猫喂食……这些明星与大熊猫的美丽邂逅为人们津津乐道。为了让更多人关爱熊猫、关爱大自然，生态保护的策划者看中了这些明星的标杆力量和巨大的社会影响力，宋慧乔、黄晓明、成龙、陈慧琳、姜培琳、奈吉·马文等人先后被聘为熊猫大使。

“一个滑稽的黑白双色的大家伙朝我飞奔而来，刹那间便来到我的面前，扬手就是一记上勾拳，然后它的十八个同伴也加入了行列，两只攻击我的裤腿，其余的则试图爬上我的背。我被大熊猫宝宝环绕着……站在它们中间，我才意识到，我刚刚实现了我毕生的梦想。”[1]这是熊猫大使奈吉·马文在成都大熊猫繁育研究基地亲近大熊猫之后留下的文字。

奈吉·马文是英国著名野生动植物电视节目的编导兼主持人，被誉为“电视界的斯皮尔伯格”，他的重要作品包括一部追寻中国野生大熊猫的五集纪录片《马文与中国大熊猫》。在他小时候，父亲曾送给他一本名为《动物园时光》的儿童书，里面的大熊猫图像让他一见钟情，那时候，他就许下了追逐大熊猫的愿望。当他来到成都大熊猫繁育研究基地后，美梦成真的他激动地告诉人们：“讨论大熊猫能让我的内心如绒毛般温暖、舒服。”奈吉·马文的感受无疑道出了所有大熊猫粉丝的心声，无论是普通人还是名人，当看到大熊猫的那一瞬间就会被萌化，下面的这位娱乐巨星也同样如此：

1999年，在德国柏林动物园熊猫馆，一位华人中年男子被大熊猫吸引，整整一个下午，他的眼睛就没有离开过大熊猫，小宝贝的所有姿态都被他努力收藏进脑海。这是他第一次见到大熊猫，大熊猫的神奇和可爱远超他之前所闻。他太忙，平日也只能在空闲的时候在电视上欣赏这些宝宝。不过十年之后，机会终于来临，他来到了成都大熊猫繁育研究基地认养了两只大熊猫，并将自己的名字拆分开来，为宝宝分别起名“成成”和“龙龙”。

这位痴迷大熊猫的男子正是国际功夫巨星成龙。认养大熊猫仪式

---

① 王奇婷：《专访全球首位西方“熊猫大使”奈吉·马文》，《外滩画报》2010年第12期。

于2009年5月12日在成都大熊猫繁育研究基地举行，成龙捐资10万元人民币作为两只大熊猫的繁育基金，并郑重地在协议书上签上自己的名字。待他将捐赠支票牌递给基地主任张志和时，影坛大哥却临时修改了剧本情节，只见他拿起记号笔，在支票牌上增添了一个“0”，10万瞬时变成100万，引来众人一片欢呼。成龙对此解释说：“我不仅仅只想有‘成成’和‘龙龙’这对儿女，我还想有更多的大熊猫孩子。”

▲ 成龙与基地主任张志和在认养仪式上 成都大熊猫繁育研究基地供图

成龙爱大熊猫在影视圈并不是新闻，他的夫人林凤娇就曾在成都大熊猫繁育研究基地“揭发”说：每当看到电视上有大熊猫的画面时，成龙总爱发出咯咯的笑声。他的朋友们见他这般痴迷大熊猫，都怂恿他去认养两只，他自己也承认有浓厚的大熊猫情结。在认养现场，他的两个孩子——只有半岁的成成和龙龙依偎着他，这位银幕上的铁血男儿“开心得合不拢嘴”，他告诉记者：“我希望可以抱一抱大熊猫，亲它一下，这是我多年来最大的愿望。”认养后的第二年，成龙又来到成都探望他的两个“孩子”，舒心欢畅再次写在他的脸上：“又抱到大熊猫了，就让我抱着它多坐一会儿吧，就算是这样坐一天都不会觉得无聊。我真是太喜欢大熊猫了，看着它们憨厚可爱的样子，我觉得什么烦恼都没有了，只有开心！”[①]

大熊猫消解了许多人的红尘烦恼，功成名就的成龙也未能免俗，他的大熊猫情结被保护大熊猫的专业人士以及成都市政府纳入视野，他们明白，要唤起大众对自然生态的保护意识，这位功夫喜剧王不啻为最佳的熊猫大使。当成都市政府正式授予成龙这一称号时，他满心欢喜地接过了大使证书。在娱乐圈众多巨星中，成龙是与大熊猫结缘次数最多的人，之前，他还先后受聘为香港和柏林的熊猫大使，并为风靡全球的好莱坞大片《功夫熊猫》的中文版配音，热爱熊猫的功夫巨星配功夫熊猫，喜剧明星配超级喜感的大熊猫，成龙为不二人选。2017年，成龙再次为自然类纪录片《地球：神奇的一天》配音，在展现成都大熊猫繁育研究基地的画面中，成龙替大熊猫说出它们的心

① 《华人巨星成龙和熊猫的故事》，央视网熊猫频道2016年11月14日报道。

声："地球那么大，我要去看看。"

有一次在美国，成龙听闻有一家商店可以制作大熊猫玩偶，便订制了两只，一只取名为"LA"，另一只则叫"ZY"，"LA"和"ZY"合起来是"LAZY"，是"懒惰"的意思。之后在许多场合，他都将它们带在身边，"炫耀"自己对大熊猫的款款深情。奥斯卡颁奖仪式无疑是全世界最具影响力的文艺盛典之一，2000年，成龙获得奥斯卡终身成就奖，在全球亿万观众的注目下，他身着一袭中式长袍，手拿他心爱的大熊猫玩偶登台领奖，这个别致的巨星范儿引来众人的欢笑和惊叹。

巨星的做派往往是时尚的滥觞，深谙影迷心理的成龙在宣传自己的电影《十二生肖》时，晒出了美国前总统克林顿、中国影星章子怡和美国影星基努·里维斯手拿他心爱的"LA"和"ZY"的合影，在宣传自己电影的同时，他也在提醒公众他熊猫大使的身份，不需要太多的语言，即可让大熊猫的形象渗透到电视与网媒覆盖的广大区域，小小举动，可谓功莫大焉。

据《中国国家形象调查报告2012》显示，最受海外民众喜爱的中国元素前五名依次是：大熊猫、长城、成龙、中国美食、故宫。大熊猫为什么这样红？大熊猫为什么红了一百四十九年仍然在红？答案尽在其中。

# 解构熊猫

## 成都熊猫的“奥运之旅”[①]

过去，成都人喜欢替小孩取一个“低贱”的小名，诸如毛弟、毛娃、毛子、毛豆，希望娃娃们远离娇弱，健康成长。成都大熊猫繁育研究基地也有一只熊猫名为“毛毛”，这名字真是取对了，毛毛自打出生就平安健康，后来还成了奥运会吉祥物的原型。

毛毛是熊猫“娅娅”的女儿，据饲养员介绍，娅娅在临盆前，喝了足足半盆牛奶，不知道是否是牛奶添加的力量，毛毛穿越妈妈的子宫来到红尘的时间短暂且非常顺利，成为成都大熊猫繁育研究基地有记载以来出生时间最短、接生最顺利的一只幼仔。当毛毛长到大约30千克时，已经出落成一个美丽的姑娘，成天与妈妈和小伙伴们打闹嬉戏，日子过得平静而快乐。但有一天，这样的宁静被打破了，毛毛发现，总有几个人拿着画板对着自己不停地描画。这些人在做什么？毛毛有些诧异，它想躲起来，可是躲不开，因为饲养员总会将它抱出来摆姿势做模特，原来，它被选中成为四川省申报2008年北京奥运会吉祥物的原型动物，并且还是从48只熊猫中脱颖而出的呢，这是多么幸运的事情啊。

---

① 本节资料主要出自2005年试刊《大熊猫》和2006年第2期申吉珍藏版《大熊猫》。

▲ 北京奥运会吉祥物福娃晶晶的原型大熊猫毛毛　成都大熊猫繁育研究基地供图

奥运会是人类的超级盛典，只有足球世界杯可以与之媲美，一个国家或一个地区的政治、经济、文化都会被卷入这个四年一度的盛会，因此，就连吉祥物的归属也总是引来各方觊觎。2005年，北京奥运会吉祥物的征集活动启动，中国各地紧锣密鼓地开展了争夺战。江苏省连云港市最先发起挑战，他们举荐的吉祥物是大名鼎鼎的美猴王孙悟空。青海、新疆、西藏三个省区合力推荐名声在外的藏羚羊。江苏、黑龙江、山东、辽宁、吉林五个省联袂力推丹顶鹤。大熊猫的故乡四川省当然以国宝大熊猫为不二选择。大熊猫虽是地球的旗舰动物，此番孤军单挑，能否突出重围并无把握，何况还有北京的兔二爷以及传说中的中国龙、麒麟和珍稀动物白鳍豚参战，华南虎和东北虎也虎视眈眈，还有神秘的文鳐鱼也欲跃出龙门，曾经在中国绝迹的麋鹿也梦想着荣归故里。

在“绿色奥运”“科技奥运”和“人文奥运”的倡导下，各具特色、神功各异的动物们摆出阵势，一较高下。首先出战的是美猴王，孙悟空饰演者、演员六小龄童出任代言人。猴王的特征与体育运动相契合，它挥舞金箍棒、上天入地的英姿，契合了人类追求“更快更高更强”的奥运精神，而美猴王的举荐地江苏省的经济实力也远超四川，江苏省斥巨资打造的美猴王先声夺人的气势已在海内外取得巨大影响。秀丽文雅的丹顶鹤是“东方湿地之神”，它的纤纤玉姿频频出现在中国历代诗词书画中，契合了“绿色”和“人文”的内涵。中国著名导演陆川拍摄的电影《可可西里》是中国为数不多的野生动物主题片，一经公映，便产生了巨大的社会影响。藏羚羊的故事感人至深，它矫健、顽强，它的故乡三江之源，除了流向东南亚的澜沧江，长江和黄河正是哺育中华儿女的母亲河，因此无论从社会影响、体育精神还是历史情怀来看，藏羚羊都是国宝大熊猫的最强劲对手。

在经济实力上输于江苏、人力资源上输于联合申选省区的四川不敢怠慢，工作人员将经费用在刀刃上，申吉活动调动有序，每一次出击都取得了不错的效果。由成都实验外国语学校2008位学生拼成的2008平方米的大熊猫拼图蔚为壮观，以鲜明的象征意义和强烈的视觉冲击力吸引着各路媒体，这个拼画除了巨大的大熊猫图案，还拼出了“国宝牵手北京，熊猫吉祥奥运”字样，表达了四川对奥运的祝愿和对大熊猫志在必得的自信。为了有效组织活动，四川省专门成立了

"申吉办公室"，民间、政府，科学家、艺术家，社会各界无不为大熊猫申吉挥洒着热情。另一幅巨幅大熊猫图由川中知名画家邱笑秋、田旭中、孙友军合作完成。成都七中育才学校附属外国语小学的小姑娘文安琪给国际奥委会主席写信，表达了川中孩子的强烈祈盼。作家何开四撰写了古典辞赋《熊猫赋》。在门户网站上，500万名网友摁下鼠标力挺大熊猫。共计259件大熊猫卡通画从海内外邮递到四川申吉办公室。

《大熊猫》杂志执行主编谭楷自始至终参加了申吉活动并时刻关注着评选过程，原本计划在6月公布的吉祥物名单还未见报道，谭楷打探之后方知，由于竞争激烈，公布时间推迟到了9月。

然而立秋早过，评选结果仍没有揭晓，这意味着各地的申吉擂台还要继续缠斗下去。转眼间到了11月6日，谭楷与四川省林业厅张黎明工程师赴济南电视台参加了一场电视直播辩论会，辩论主题是谁能当选吉祥物，辩论的结果，大熊猫占得了上风，但这并不能左右最终评选结果，四川还得继续努力。就在这之后的第三天，成都大熊猫繁育研究基地驶出一支庞大的车队，车身上书写着"大熊猫申吉万里行"。这是一个别出心裁的活动，车队历时八天，经四川、青海、西藏，一路宣扬大熊猫文化，并联手藏羚羊共同冲刺申吉。当车队到达西宁时，吉祥物评选揭晓的消息传来，大熊猫与藏羚羊胜利突围。西宁中心广场聚集了众多群众，人们欢呼相庆。那一天晚上，大熊猫的故乡成都更是一派喜庆，霓虹灯映照出张张兴奋的面容，熊猫商场的老板早有"预谋"，举办了一个大型文艺晚会。城市商业中心的春熙路、红星路以及熊猫广场，有人装扮成骄傲的大熊猫"招摇过市"，大熊猫玩具被人们抛向璀璨的夜空。大熊猫给人们带来了欢乐，不是节日，胜似节日。

大熊猫可以和政治、商业、文化结缘，当然也能和体育结缘。在这次吉祥物评选中，北京奥组委共评选出五个奥运吉祥物，象征五环，它们有一个共同的名字：福娃。五个福娃又各自拥有小名：鱼——贝贝；熊猫——晶晶；奥运圣火——欢欢；藏羚羊——迎迎；京燕——妮妮。五个福娃被分别寄寓了五种含义：繁荣、快乐、激情、健康、好运。五个昵称连读则谐音为“北京欢迎你”。代表“快乐”的福娃原型毛毛成了举世闻名的大熊猫，它为四川赢得了荣誉，也是成都大熊猫繁育研究基地的骄傲。

在成都大熊猫繁育研究基地里，与体育盛会结缘的大熊猫还有多只。毛毛的父亲科比、妈妈娅娅、小妹妹晶晶都与体育有缘，它们组成了名副其实的大熊猫界的“奥运家庭”。科比出生时正值第25届奥运会开幕，这一消息被时任国际奥林匹克委员会主席的萨马兰奇知悉，他便用当年奥运会吉祥物“科比”这一名字为之命名。据基地专家兰景超介绍，科比和另一位蜚声世界的NBA球星科比一样，身体强壮，彪悍勇武，是大熊猫中的大哥大，不过与人类球星科比只在球场上“欺负”对手不同的是，大熊猫科比蛮横不讲理。兰景超调侃说：“如何改掉科比蛮横的性格，这是个问题。”

毛毛的母亲娅娅是最先和体育结缘的大熊猫，它和双胞胎弟弟出生时，北京亚运会正在如火如荼地进行，人们便替姐弟俩分别取名“娅娅”和“祥祥”，取意“亚洲吉祥”。毛毛有一个妹妹叫晶晶，因为妹妹恰好出生于奥运吉祥物诞生的第二天，因此便随了这名。此外，还有一只叫“盼奥”的熊猫，它是广东一位企业老板认养的，因为急盼北京申奥成功，在宣布申奥城市名单的前十八天，这位老总认养了盼奥并为它取了此名。北京申奥成功的第二天，一对双胞胎出生，分别取名“申申”和“奥奥”。北京奥运会期间，又有一对双胞胎诞生，应“北京欢迎你”的口号，哥哥取名“迎迎”，妹妹取名“妮妮”。2016年6月20日，一对圈养大熊猫在成都大熊猫繁育研究基地诞生，基地面向全球为两个宝宝征名，正值里约热内卢奥运会，在几千份投稿中，“奥林匹亚”与“福娃”脱颖而出。有趣的是，这两个名字居然是国际奥委会主席托马斯·巴赫取的，他在上一年还造访了成都大熊猫繁育研究基地。还有一对名叫“星辉”和“星繁”的双胞胎也出生于2016年里约热内卢奥运会期间，同样被视为“奥运龙凤胎”。

历史已经证明，没有人能抵挡住大熊猫憨萌的魅力。张志和博士在《大熊猫登上奥林匹斯山》一文中充满骄傲与期待地说道：“有人说，大熊猫太憨，不善运动，请到大森林去观察大熊猫吧！别忘了历届奥运会最后的高潮是马拉松，而在时间的跑道上，大熊猫已跑了八百万年。当凶猛的剑齿虎和剑齿象倒下并变成化石的时候，大熊猫还在强有力地奔跑着。”①

## 熊猫镜像史话

斧头山的青草丛中露出了一只“眼睛”，它被好奇的大熊猫发现

① 参见2006年第2期《大熊猫》。

了。这是啥玩意儿？一只大熊猫试着拨弄了一阵，那家伙木然不动。大熊猫感到无趣，摆动着肥厚的身躯走了。大熊猫哪里知道，这玩意儿确实是一只"眼睛"，它是人类视线的延伸——一只摄像头。

2013年8月6日，"蓄谋已久"的"熊猫频道"正式开播，二十八个高清遥控摄像头被装置在成都大熊猫繁育研究基地内，向世界直播大熊猫全天候的日常生活。这是中国网络电视台（CNTV）和成都大熊猫繁育研究基地共同策划的熊猫"真人秀"节目。如此近距离、全方位地同步直播珍稀动物的生活全貌，这在全世界还是第一次。据《大熊猫》杂志介绍，截至当年8月16日，直播上线仅仅10天，即吸引了135万人次观看，人数最多的一天达到了17万，如此海量的数据让熊猫频道被BBC评选为当年8月全球最佳网站。[①]三年之后，有人对中文社交媒体上的大熊猫粉丝进行了统计，人数超过1000万，其中熊猫频道的粉丝达到150万，成都大熊猫繁育研究基地的粉丝有150万。一则数据还显示，熊猫频道51%的粉丝来自中国，排名二、三、四的分别为美国、英国、加拿大。[②]

最早对大熊猫进行直播的是美国，第一只在境外亮相的大熊猫苏琳不但在广播中发出过"咩咩"声，它登陆美利坚的过程也被记录在电影胶片中。与之媲美的是1939年去到英国的大熊猫明，它曾在英国广播公司的电视节目中现身，成为全世界最早进行电视室外转播的大熊猫，并被拍摄成一部纪录片在英国各大影院上映。从此以后，银幕上的大熊猫与文学家、美术家笔下的大熊猫共同构建了人类视野下的

① 参见2013年第3期《大熊猫》。
② 参见2017年第9期《中华文化论坛》。

另一部“大熊猫踪迹史”。

1978年，笔者所就读的成都市第34中学曾组织师生在学校操场观看了一部大熊猫科教片，其中一句字正腔圆的解说词“大熊猫，是我国稀有的动物”令笔者记忆犹新。那时正处于“熊猫外交”期间，也是中国与世界自然基金会进行合作研究以及“竹子开花”导致全民拯救大熊猫的时段。从那时开始，大熊猫便不断闪现在电视上、银幕中。

相机的出现早于电影，大熊猫最早一定是被相机记录下来的。第一个将活体大熊猫带到中国境外的露丝即随身携带着相机，但遗憾的是，她不慎将胶卷弄坏了，这个事情还曾一度令她被竞争对手“熊猫大王”史密斯指斥，认为这是她撒谎、夺取自己成果的一个证据。更早的时候，当罗斯福兄弟成为全世界第一个击毙大熊猫的猎手时，他们立即想到回营地拿照相机，以见证他们的成果，于是后人便看见了那张让人五味杂陈的照片：大熊猫尸首匍匐在雪地上，旁边蹲着骄傲的猎手小西奥多·罗斯福与他的队友莫合塔·罗恩。还有先后在成都华西坝生活过的大熊猫，它们的身影被华西坝洋人拍摄下来且留传至今。这些照片串成了大熊猫的生物史档案，也昭示了镜头背后人类操纵大自然的野心。

几十年后，当人们再度将镜头对准大熊猫时，猎杀已成过往，血腥的镜像被转换为温情。2013年，美国《时代》周刊评选公布了当年的“世界惊奇图片”，成都大熊猫繁育研究基地的两张照片入选。一张题为“2013年新生大熊猫宝宝扎堆卖萌”，照片上，当年降生的15只大熊猫幼仔正被熊猫奶妈小心翼翼地安放于婴儿床上。另一张源于一篇题为《熊猫“AV”速成班助美女熊猫圆房成功》的新闻稿，这是众多大熊猫婚前性教育课程中的一例。图片右上方有一幅宽大的电视屏幕，一对大熊猫正在“巫山云雨”，左下方，一只叫“科琳”的雌性大熊猫正目不转睛地偷窥，不久之后，科琳完成了与雄性大熊猫“勇勇”的首夜。从艺术角度评判，这两张照片的构图并不理想，但在生物保护层面有着重大意义。

那张性教育照片是成都大熊猫繁育研究基地的大熊猫专家黄祥明拍摄的。像他一样利用“职务之便”拍摄大熊猫的专家大有人在，比如四川省林业厅的蒲涛、秦岭大熊猫专家雍严格，还有成都大熊猫繁育研究基地的首席专家张志和。雍严格镜头下的大熊猫大多在野外，张志和则将镜头对准了斧头山的成都种群。翻检基地的熊猫印刷品，“张氏熊猫”几乎就是基地二十多年来“熊猫影像史”的另一代名词。张志和镜头下千姿百态的熊猫出现在历年的《大熊猫》杂志中、成都大熊猫繁育研究基地出版的宣传册或纪念画册中，以及在基地大熊猫科学探秘馆的大幅展板上，这位圈地大熊猫的“缔造者”当仁不让是当代熊猫摄影大家，其作品的影响力遍及海内外。

另一位有着巨大影响力的大熊猫专业摄影师是来自成都的周孟棋。军人出身的他操练出了高超的战地摄影技艺，当他回到和平的祖国，憨态的大熊猫征服了他的心。从1992年至今，大熊猫成为他二十七年来孜孜以求的艺术主题，他的镜头掠过了中国所有熊猫出没之地。“熊猫作家”谭楷曾说，在大熊猫所有的神情中，他最难忘的是大熊猫忧郁的眼神。周孟棋也有相同的体验，他在成都大熊猫繁育研究基地拍摄的代表作《母子恋》正是对大熊猫眼神的最好诠释，成为众多大熊猫摄影作品中的经典。画面中，刚为人母的大熊猫“苏苏”右手搂抱着幼仔“科比”，母子小脸贴大脸，拉近的特写勾画出简练的线条，苏苏乌黑的眸子闪烁着警惕，也流露出对幼仔无限的慈爱。周孟棋回忆说：“科比满月的时候，我陪记者去拍照，母子一直在安静地睡觉，四十多分钟后，苏苏突然起身，把大熊猫幼仔兜在怀里，一边深情地舔舐着幼仔，一边警惕地看着我。”[①]就在那一刻，他摁下了快门。之后周孟棋一发不可收拾，总计拍下了两千余张大熊猫照片，多次获得摄影大奖，还出版了多本大熊猫摄影画册。

在周孟棋另一张代表作中，一只大熊猫幼仔蜷伏的身形像极了代表中国文化的太极图，有趣的是，张志和也拍摄过类似的大熊猫太极图。他俩的“撞车”并不偶然，大熊猫简洁的黑白色与它们圆滚滚的身材很容易展现出这种黑白交接的“阴阳鱼”图案，许多人在解读大熊猫时，也将这一特征视为对中国传统文化的隐喻，由此想象出发，黑白的中国书法、计白当黑的中国传统美学同大熊猫退守高山、颇具道家风范的生活态度颇为契合。对艺术家而言，大熊

▶周孟棋代表作《母子恋》 周孟棋供图

① 周孟棋自述：《他拍下2000张野生大熊猫萌照，被当成国礼送给全世界》，2018年9月20日澎湃新闻报道。

猫确实有着巨大的解读空间。

美国人劳雷尔·柯罗蕊是一位在成都的英语教师，同时兼任基地主办的《大熊猫》杂志的编辑。有一天，当她走过月亮产房的铁索桥时，周遭的竹林让她想起了少女时代看过的中国功夫电影——以竹林为基调的《卧虎藏龙》，再由《卧虎藏龙》，她又联想到了《功夫熊猫》中的阿宝，飘然的思绪让她灵感突现，将这座铁索桥命名为“功夫桥”。她曾讲述过彼时的心境：“在这景色如画的地方，我停下来，屏住呼吸，多么希望功夫熊猫阿宝一下子就跳到功夫桥上来，看看我到底是敌是友！”人们保护大熊猫、歌颂大熊猫，用艺术驾驭大熊猫，最后成功地让大熊猫成为风靡世界的好莱坞影片《功夫熊猫》中的超级英雄。

2008年，《功夫熊猫》大获成功后，剧组主创人员拜访了成都大

▶电影《功夫熊猫》剧组主创人员在基地　成都大熊猫繁育研究基地供图

熊猫繁育研究基地，他们在这里看到了真实的大熊猫，并将一只大熊猫幼仔命名为“阿宝”，还欣赏了基地散养的孔雀，孔雀与大熊猫争食的场景还启迪他们将之塑造为《功夫熊猫2》中的反派角色。《功夫熊猫》的导演珍妮弗·尼尔森抱起一只出生三个月的幼仔，娇小的生命与大熊猫母亲庞大身躯的差异让她惊讶。这次成都之行让剧组收获了众多大熊猫元素和成都地方元素，《功夫熊猫2》中的许多构思即源于此次拜访，这部续集续演了《功夫熊猫》的票房奇迹，成为“大熊猫镜像史”中里程碑式的作品，之后，好莱坞还拍摄了《功夫熊猫3》和《功夫熊猫4》。

《功夫熊猫》的成功让大熊猫成为人见人爱的经典形象，席卷全球的大熊猫热因为这部影片再掀高潮。其实在这之前，已经有许多大熊猫题材的影视作品，这些作品大致分为五类：卡通片、故事片（电视剧）、纪录片、电视新闻报道，还有少量的动漫游戏。

屏幕上的动态大熊猫与充斥大街小巷的静态大熊猫共同演绎出大熊猫文化，除了大获成功的《功夫熊猫》系列，日本人在成都大熊猫繁育研究基地拍摄的纪录片《大熊猫“51克”的故事》和《熊猫缔造者》也撞击着人类的心灵，更具生态保护的启示意义。这个剧组是幸运的，“51克”惊险曲折的降生过程被镜头详细地记录下来，“51克”死而复生的传奇让观众潸然泪下。2012年，《大熊猫“51克”的故事》在日本上映，即刻引起轰动，日本电影网站统计显示，该片高居同期上座率第一名。

《熊猫缔造者》也被誉为里程碑式的大熊猫题材纪录片，由英国著名野生动物制片公司AGB为纪念世界自然基金会成立五十周年拍摄，该片的主角是正在谈婚论嫁的基地的大熊猫“娅双”和“莉莉”，从婚前性教育失败，到人工授精，再到娅双的双胞胎降临红尘，影片将大熊猫成都种群的生活细腻地呈现在世界面前，人类为拯救熊猫而缔造“人工熊猫”的壮举从幕后走到台前。在西方享有盛誉的自然博物学家、自然纪录片制作先驱戴卫·爱登堡应邀配音，科学家兼艺术家的身份让他的解说既厚重又充满了洞穿力。通过《熊猫缔造者》，他想告诉观众：“大自然不是温情脉脉的慈祥圣母，也不是残忍无情的冷酷暴君，它只是无动于衷地遵循着亘古不变的自然法则，它的魅力正是它的多样性。”这不仅是影片想要传达的，也是人类反躬自省后的思想精髓。面对大熊猫，面对我们的地球家园，人们在观影后理当更加谦卑地承认：“人本于动物，但并不高于动物，唯一的区别就是智力高一些而已，其余无以自豪。”①

## 转身遇见大熊猫

烈日炙烤着大地，一只成年大熊猫却若无其事地左手握竹、右手进食，一副悠然自得的模样，而它的两个孩子，一个躺在妈妈的身旁，顽皮地翘起双腿左顾右盼，另一个则在不远处好奇地低头寻觅……这是成都成华区北湖龙潭熊猫体育公园的一组大熊猫雕像，几个月前，熊猫母子雕塑还摆放在成华区政府大楼的门前，如今移至此地，正好贴合了公园的主题。

① 马玉堃：《中国传统动物文化》，科学出版社，2015，第237页。

成都成华区熊猫体育公园大门　雷文景摄

熊猫体育公园内的熊猫雕塑　雷文景摄

今天的成都，大熊猫元素无处不在。

成华区政府官网的LOGO即选用了卡通大熊猫形象；地处成华区的猛追湾电视塔被命名为熊猫塔；成华区的一个文化公司为弘扬民间彩塑，首选熊猫作为其创作主题；甚至在成华区的马鞍南路上，一家火锅店也用大熊猫玩偶招揽顾客；而在熊猫大道上，一家小餐馆外“国宝熊猫酒”的广告吸引了人们的注意……英国作家亨利·尼科尔斯在他的大熊猫传记《来自中国的礼物》中说，大熊猫有两个世界：一个是真实的，一个是虚拟的。此话诚不欺人，大熊猫红遍全世界，人们眼中的大熊猫大多时候都是人类构思的“作品”，不同身份的人在用不同的眼光解构大熊猫，再幻化出千姿百态的形象。大熊猫可以成为外交大使，也可以充当影视中的大腕，还可以注册成商标在消费文化中与我们天天照面。

以笔者的生活为例，在家摁开电视，选项里赫然列有十个冠名大熊猫的频道：熊猫频道、熊猫直播间、熊猫少儿频道、熊猫爱生活、熊猫音乐、熊猫电影、熊猫新闻、熊猫影院、熊猫剧场、金熊猫卡通。家中的书柜上挂着某串串香店赠送的大熊猫布偶。笔者的妻子前些日子拎回家一个布袋，上面有一只吐舌头的大熊猫在调皮地招手，这是成都三原外国语学校附属小学特制的环保口袋，上书“童趣天然，真善兼美”以及“环保带回家，循环使用它”。在家寻找牙签盒，这才发现昨天儿子拿回来一个小小的大熊猫玩偶牙签盒。笔者还曾收集到一个印有大熊猫的火柴匣，不知放到哪里了，那是一个宾馆的赠品。不仅在家中，大熊猫的身影在城市中的高频率闪现也让人惊诧，以四川大学为例：校史馆大屏幕上滚动播放着校史宣传片，片中斯文且憨厚的卡通大熊猫扮演着节目串场者；青年学术人才遴选也使用“熊猫人才”这个名称做宣传；艺术学院的学生实习拍摄时，也用一个巨大的大熊猫做主持人；走出学校大门，磨子桥人行地砖上居然也雕刻有大熊猫图案。有一次，笔者发现地上有一张印着大熊猫的废纸，仔细一瞧，原来是成都客运站的环保清洁袋。

真是转身遇见大熊猫。

2018年10月29日傍晚，笔者从成华区红星桥向南步行，一路上与众多大熊猫不期而遇：一个贩卖渔具的商店用大熊猫做商标，大熊猫变形为鱼的形状；成都市委宣传部制作的关怀青少年成长的宣传画用了大熊猫剪纸，滚滚们温暖地依偎在一起；另一幅巨大的倡导绿色家园的宣传画也印有两只大熊猫，一只写实，一只变形为一列飞速奔驰的火车头。这样的宣传画在成都随处可见，笔者还曾在一环路施工挡板上望见一组系列宣传画，众多大熊猫沿路展开，蔚为壮观。

行至华兴街街口，不远处一家咖啡店店面墙上有一只乐呵呵的胖熊猫手握话筒唱着歌谣，在这听不见的歌声中，天渐渐暗了下来，踩着都市的斑斓碎影继续前行，一个熊猫主题酒店的灯箱在黑夜中散发着耀眼光芒，上面的大熊猫标识洗练而传神。以大熊猫为主题或以大熊猫为标识的宾馆在成都有多家，笔者曾进入一家参观过，大厅、过道、卧室里无一不抹上大熊猫的形象，连卫生间水龙头也是憨憨的大熊猫。《大熊猫》杂志曾报道，第一家熊猫主题酒店于2000年在都江堰开张。许多来到四川的旅游者是奔着大熊猫而来的，大熊猫已经成为消费文化的营销主角。

打开微信公众号，立即跳出了熊猫一医馆、熊猫学院、熊猫壁纸、熊猫看书……成都的传统灯会取名为熊猫灯会，多种茶叶被称为熊猫茶，超市的时装柜将大熊猫作为背景画，路标指示上有大熊猫在指路，水果店、家具店、奶茶店、美容店、卡丁车馆、网球比赛也与大熊猫攀上了亲戚，穿梭在大街小巷的出租车印有大熊猫标识，一个大型邮局也以大熊猫命名……人们似乎忘记大熊猫缓慢的步态与高速前进的社会是不能匹配的了。不仅如此，银行有熊猫金卡，公交车身有欢乐的大熊猫，地铁站内的屏幕播放着大熊猫讯息，酷爱麻将的四川人还推出了“熊猫麻将”……

成都果真是名副其实的熊猫之都，写实的大熊猫、夸张的大熊猫，平面的大熊猫、立体的大熊猫，黑白分明的大熊猫、五彩斑斓的大熊猫，洗练明快的大熊猫、意象繁复的大熊猫分布于城市的四面八方。人们发挥着想象力，让大熊猫戴上川剧脸谱，将大熊猫粪便加工成卫生纸，替大熊猫穿上大红袍或者中式夹衣……2018年8月16日，四川航空公司策划的“熊猫之路国际航线”主题航班正式开通，航站楼、机舱以及机身被大熊猫所“侵占”。大熊猫发卡、大熊猫玩偶、大熊猫气球、大熊猫手袋、大熊猫工作服、大熊猫靠垫、大熊猫航餐、大熊猫行李牌……目不暇接的各种大熊猫制品让一位记者感叹道：“我把这辈子想看的熊猫都看完了。”

一组熊猫彩塑于2017年底亮相成都岷山饭店大厅，三十余尊熊猫像姿态各异、色彩不同。据策展人介绍，这组作品是为“Heart Panda”大熊猫公共艺术世界巡回展而作的，从2017年初开始，作品辗转西班牙马德里、澳大利亚墨尔本等多处。这是笔者见过的规模最为庞大的大熊猫雕塑，每只大熊猫都承载一个主题：“塔”“琉璃”“梦露”“中国娃娃”“常往来”“米老鼠”……中西方元素皆有，构思大胆新颖，想象天马行空，不拘一格的敷彩着墨颇为前卫，也具视觉冲击力。

同样前卫的还有来福士广场上的“熊猫一家人”塑像，这是法国波普艺术家朱利安·马里内蒂的作品，四只大小不一的大熊猫抄着手正襟危坐。据马里内蒂解析说，它们宁静祥和的坐姿是要“共同恒久地迎向未来”，“象征着现今时代的国际性和人类文化的多重性”。反传统的波普艺术有如此宏大的寄意让人感到惊奇。这组大熊猫塑像用青铜浇铸，且首次用工业漆料敷彩，既厚重，又颇具后现代的异质与轻盈。

比马里内蒂这组雕塑更具视觉冲击的是IFS楼顶著名的“大熊猫爬墙”。这个网红熊猫的名字叫“I AM HERE（我在这里）”。每次路过IFS，笔者都要将视线朝向楼顶那高15米、重13吨的庞大身躯。一般来说，很少有艺术家愿意将大熊猫的背影作为创作主题，但美国天才艺术家劳伦斯·阿金特就偏要给人们看看大熊猫的背影和它圆滚滚的屁股，它悬空的姿态才是劳伦斯真正的“阴谋”——因为坠落，才有攀缘，因为攀缘，才产生上下牵制的张力。只见这只巨兽从天而降，悬挂在这个城市商业中心的上空，令人生出无限遐想：它从何而来？因何爬墙？它庞大笨拙的身躯是如何爬上楼顶的？又何时重回大地？劳伦斯的创意切合了大熊猫至今仍未卜的命运，既使人仰望，又悬置着巨大的生态问号，制造了多维度的阐释空间。

这只爬墙的大熊猫已成为公认的成都地标之一，堪称经典，这样的杰作在大熊猫美术史上非常罕见。在中国古代，大熊猫符号是缺

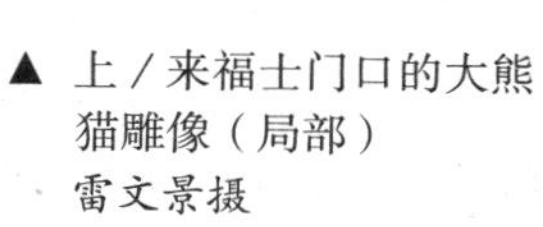

▲ 上／来福士门口的大熊猫雕像（局部）
雷文景摄

▶ 右／成都IFS的装置艺术作品：大熊猫爬墙
雷文景摄

席的，曾被认为是大熊猫的貘、貊、貔貅、猛豹、驺虞等动物的形象倒是被保存了下来，但这些形象与今人见到的大熊猫几乎风马牛不相及。第一个将大熊猫变为“纸上熊猫”的人大概是制作标本的生物学家。罗斯福兄弟在四川猎捕大熊猫时，一路上总会拿出大熊猫图片让当地农人识别，那应该是早期的大熊猫图像了。较为正式的大熊猫美术作品第一次出现时已是20世纪30年代，旅英华人蒋彝创作了儿童绘画读本《金宝与大熊猫》和《明的故事》，憨态天真的大熊猫从此开始滋养西方儿童的生活。

中国本土画家先后涉足大熊猫题材的有吴作人、邱笑秋、吕林、吴冠中、刘海粟、廖承志、韩美林等人。邱笑秋和吕林是大熊猫的家乡人，邱笑秋曾深入大熊猫栖息地卧龙实地观察野生熊猫，夏勒博士曾描述过与这位画家于高山相聚的场景，邱笑秋当时还为大熊猫赋诗一首。吕林的画作功力非凡，简约中透着潇洒的笔韵，寥寥数笔就令大熊猫的姿态跃然纸上，四川中国国画协会副会长维微认为吕林笔下的大熊猫是熊猫水墨画中的上品。吴作人可能是最早将大熊猫泼洒在宣纸上的国画家之一，中国人民邮政发行的第一套和第二套熊猫邮票即是采用吴作人的画作，黑白的大熊猫被黑白的中国画晕染得柔和而宁静。韩美林创作的第三套熊猫邮票写满了天真无邪的童趣。从1963年8月至今，中国人民邮政总共发行过六套与大熊猫有关的邮票，大熊猫应当是在邮票上亮相最多的动物了。不但在中国，全世界发行过熊猫邮票的国家有数十个，笔者统计到的有苏联、朝鲜、日本、多米尼加、不丹、古巴、匈牙利、老挝、荷兰、泰国、圭亚那、尼加拉瓜、奥地利、蒙古。一位叫李佰琴的集邮发烧友曾得到过萨马兰奇签名的从奥委会总部瑞士寄回的大熊猫邮政明信片，他还曾将贴上第三套熊猫邮票的信件寄给西班牙马德里动物园园长，希望那时刚得到大熊猫强强和绍绍的马德里动物园园长能够签名后再把信件寄回中国，让邮票也完成一次旅行，未料信倒是寄回中国了，邮票却被热爱大熊猫的园长女儿撕了下来，这让他啼笑皆非。

张志和博士和谭楷都曾自豪地说过，全世界有两面旗帜，一面是代表人类社会的联合国会旗，另一面则是保护地球生态的世界自然基金会会旗，而WWF旗帜上的会徽标识正是大熊猫。这个图案最初由自然科学家华生起草，再由该会第一届主席斯科特定稿[①]。画中的大熊猫以伦敦动物园的姬姬为原型，它有着典型的大熊猫内八字和微微向右偏的头颅，一副大智若愚的模样，向着人类走来。这个图案虽然后来做了几次修改，但是代表旗舰动物脆弱性、吸引力和独特性的象征符号却流传至今。

古今中外，以动物或植物作为象征符号或图腾并不鲜见，中国也有源源不断的动物符号。在中国古代，动物可以表示时间、空间以及物候，也可以成为祥瑞的符码。但大熊猫发现史告诉我们，它在漫长的历史中始终远离中国古代的主流文化甚至亚文化，直到第一只活体大熊猫去到美国，它才登上了文化符号的殿堂。史学家桑斯特认为“大熊猫形象应用于艺术与工业制品的历史起源于20世纪50年代”。

1956年，南京收音机厂更名为熊猫电子公司，一只咀嚼竹子的

① 《来自中国的礼物》一书的说法是，会徽图案由世界自然保护联盟秘书长沃特莱与斯科特合作完成。

大熊猫图案成为该厂标志，之后出现了许多以熊猫为品牌的产品：熊猫收音机、熊猫电视机、熊猫炼乳、熊猫塑料、熊猫香烟……不一而足。开风气之先的熊猫电子公司后来发展成规模庞大的电子集团，开创了中国诸多电子产品第一。1995年6月，集团总裁还专程拜访了大熊猫的故乡四川宝兴县，感恩这段美好的缘分。其实早在1944年，出产大熊猫的西康省（现四川省雅安市）的一个毛毯厂即开始出品带有大熊猫形象的艺术挂毯，不过并未形成有规模的商业影响。桑斯特认为："研究它（熊猫）、画它、大量生产它都是在歌颂中国的宝贵资产，甚至是中国本身。"①

但那时的中国与今天相比，实力差距不可以道里计，当笔者站在成都春熙路步行街仰望大熊猫时，大熊猫已然经历了原始农耕文明、工业文明与现代、后现代文明的巨大历史时空，如今如此异彩纷呈的熊猫文化是几十年前无法预判的。当笔者把视线从爬墙熊猫身上收回时，又看见前方一位时尚的姑娘身背大熊猫背包穿行在人流之中，距离爬墙熊猫不远的一家著名西式快餐店里，从大门到过廊、厅堂、卫生间，形态各异的大熊猫正欢快地陪伴着大快朵颐的人类，墙上的广告也在诱惑消费者："购买大熊猫大餐即可免费获得任一明信片"。的确，大熊猫是人类的文化大餐。据报道，在国外最成功的中式快餐店是以"熊猫快餐"命名的，其连锁店有一千家，聘用员工约有两万人，其创始人在2012年还登上了《福布斯》杂志评选的全美400富豪排行榜。

① ［英］亨利·尼科尔斯：《来自中国的礼物》，黄建强译，生活·读书·新知三联书店，2018，第92页。

大熊猫正在加速深入人类生活的各个层面。1980年6月30日，中国环境科学学会与WWF在荷兰签署的大熊猫研究和保护合作协议中就明确无误地告诉人们："大熊猫具有无与伦比的科学、经济与文化价值。"这无疑是大熊猫之所以会无处不在的秘密。

成都人也看到了大熊猫文化品牌的价值，他们把建设"美丽中国典范城市"的重任委以熊猫，一系列扩大城市影响力的举措都与大熊猫相关：大熊猫守护使全球招募、大熊猫全球恳亲之旅、"熊猫亦艺术"大熊猫艺术全球巡回展、"成都国际友城周"大熊猫城市配对、首届中国大熊猫国际文化周等活动次第展开。与此同步，正在打造"文旅成华"的成华区政府也对外公布了他们面对未来的雄心，在其工作规划中，成华区政府将充分利用熊猫品牌建设一个"具有国际影响力的世界级旅游目的地"，并"预计投资约200亿元，打造一个占地3380亩的熊猫小镇"。2018年6月5日，一则消息快速传播开来：一个围绕生态保护、大熊猫保护的大手笔工程即将出笼。报道称，成都市将建立69平方公里的"熊猫之都"，分为北湖片区、都江堰片区和龙泉山片区，其中，成华区所辖的北湖片区面积最大，约有35平方公里，以成都大熊猫繁育研究基地为核心，侧重于大熊猫等濒危野生动物的生态保护、科学研究、公众教育及休闲旅游。三个片区的愿景是：在全球树立人与自然和谐共生的生态文明城市典范。这样豪迈的语言让人体会到建设者喷涌而出的超强热情，这热情丝毫不亚于笔者在2018年8月11日造访龙潭北湖熊猫体育公园时的火热天气：那一天，三只大熊猫在高温下仍自得其乐，在这里，它们并不是习惯寒冷的雪山隐士，它们是三具憨态可掬的雕塑，丝毫不怕融化。

# 后记

历经一年多断断续续的写作，这本以成都成华区为切入视角，再以成都和成都大熊猫繁育研究基地为主轴辐射熊猫历史的书，终于敲下了最后一个字符。在写作过程中，我接触了不少和大熊猫有关的书籍与文章，其中仅“熊猫作家”谭楷的作品就有许多，它们提供了大量史料，也给如何消化史料提出了难题，全书的三个单元——“发现”“拯救”“宠爱”——即是一次尝试性归结。

第一部分“发现”概述了早期大熊猫发现史，并对两个重要人物戴维和露丝以及华西坝的大熊猫故事进行了重点介绍，还叙述了从清末民初到“竹子开花”前这段时间内的大熊猫小史。在我看来，这个漫长的时间段应该属于“发现”阶段，并且其中的许多内容都与成都相关。

第二部分“拯救”主要聚焦成都大熊猫繁育研究基地建立三十年来的历史，介绍了基地的主要成果以及工作人员与大熊猫互动的众多故事。这些史料主要来源于从2004年创刊开始到2017年的数十期《大熊猫》杂志，不过遗憾的是，仍有十余本杂志没能搜集到。和自然史、生物学专业有关的内容我不敢妄自着墨，涉及的描述引用自生物学家和成都大熊猫繁育研究基地的工作人员。就在书稿欲付梓时，基地的张志和主任组织了基地五个部门的专业人员审读了有关内容，及时指出了原稿中的错误及不妥之处，避免了我这个外行的荒腔走板。

毫无疑问，大熊猫的文化意义是世界级的，人类对大熊猫的宠爱已经达到了无以复加的地步，以此衍生出的故事斑斓多姿，这些内容全被归入了第三部分“宠爱”，并以成都为主线对其历史与现状进行了初步梳理和随笔式的解读，试图回答“大熊猫为什么这样红”这个问题，也算是抛砖引玉吧。

事实上，这本书也是在这个大背景下诞生的。策划本书的成都成华区委宣传部也期盼着红得发紫的大熊猫在今天的生态建设中扮演好它无人能替代的角色，如此一来，既对大熊猫的未来有益，也能对人类的生存环境做出贡献，这样的美好愿望是人所共期的，更是贯穿本书的主旨。这样的主旨源自《沙乡年鉴》和《瓦尔登湖》，甚或在中国先贤的思想中也能找到由“天人合一”和佛学而生发的环保意识萌芽。在关于大熊猫的人文与科普书籍中，《最后的熊猫》《大熊猫：生・存》以及胡锦矗、谭楷、潘文石等人的作品，也无不显露出对濒危物种的关怀和科学家们的“理性的柔情”，本书当然是对此的接力。如果读者在掩卷之余，能够生发出轻质生活的愿望，能够通过大熊猫的命运对生态保护有进一步的思考，那就让人欣慰有加了。只是我笔力不逮，又总对历史叙述怀着有温度、有趣味的心思，因此在文字与史事的平衡上难免技穷，还望大家多指正。

写罢寻思，本书的三个部分都有异常丰富的内容，放笔写来都可以独立成书，而要将所掌握的资料全部放进书中，文字必然会溢出篇幅。此外，野化大熊猫放归实验未及写到，实为遗憾。在阅读资料时，我还发现了一些大熊猫史上的疑点，不过它们已经超出了本书设定的边界，凡此种种，只待将来有机会再着墨了。

最后，要感谢成华区政府、区委宣传部提供了这样的平台和机会，让我能够参与到拯救大熊猫和保护地球家园的美好活动中。本书主编张义奇、蒋松谷也自始至终给予我诸多支持与鼓励。感谢张志和博士将他刚写就不久的谈熊猫文化的文章作为序言之一。还要感谢“年轻的老哥儿们”——谭楷和基地科教部的唐亚飞老师的热情帮助和提供的大量资料。作家萧易、冯荣光、林元亨、曾智中、冯至诚、谢天开、彭雄、维微、王跃、谭红等人也给予了我热情支持和帮助。

本书图片除作者所拍外，大部分由成都大熊猫繁育研究基地提供，还要感谢周孟棋先生提供了精彩的摄影作品，以及林元亨先生提供的他收藏的图片。所有图片都一一作了来源说明。

雷文景

2019年5月